AVEVA Marine(12.1.SP3)

Drafting Geometry

이창근 저

머리말

지난 10년간 Tribon Drafting으로부터 AVEVA Marine Drafting, 그리고 AVEVA Marine Outfitting Equipment와 Pipe에 대하여 강의를 하였다. 본 책은 선박 설계에 사용되는 응용소프트웨어인 AVEVA Marine 12.1.SP3 시스템에서 Marine Drafting Geometry에 대한 기본적인 설명과 실습 예제들을 다루고 있다. 본 책은 기본적인 Marine Drafting에 대한 강의를 하면서 학생들이 Geometry 예제들을 통하여 실무능력을 배양하고 스스로 실습할 수 있도록 기본 Geometry들을 다루고 있으며, 저자가 강단에서 조선설계 프로그램인 AVEVA Marine으로 강의하도록 집필한 것이다.

본 책은 AVEVA Marine 12.1.SP3 Marine Drafting을 기초로 Drafting Toolbar, AVEVA Marine Drafting 메뉴, AVEVA Marine Drafting 파일 메뉴, Geometry Toolbar 예제들로 구성되어 있다.

본 책의 출판을 위하여 적극적으로 후원하여 주신 컴원미디어 출판사 홍정표 사장님과 직원 여러분께 감사를 드린다.

2016. 저자

차례　C·o·n·t·e·n·t·s

1장 : AVEVA Marine Drafting Toolbar

2장 : AVEVA Marine Drafting 메뉴

3장 : AVEVA Marine Drafting 파일 메뉴

4장 : Geometry Toolbar

1장 : AVEVA Marine Drafting Toolbar

1-1. 선박 좌표

선박의 절대좌표 Origin point는 X, Y, Z = 0으로 일반적으로 배의 후면의 수직 (Aft Perpendicular)에 놓여있다. 그러므로 X(+Ve Fwd)는 선박의 앞부분 방향 Vector 값이며 Y(+Ve Port)는 선박의 Port 방향 Vector 값이며 Z는 선박의 높이의 값을 나타낸다.

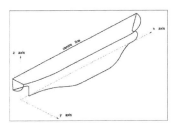

그림 1-1: 3차원 선박 좌표 시스템

1-2. Product Information Model

Product Information Model은 각 모델 객체(hull object, pipe object, ventilation object, cable object, etc)를 위하여 하나의 모델 계층구조를 가지고 있으며, Systems, Blocks, Modules and Assemblies와 같은 주 설계와 생산의 계층적인 객체들은 다른 객체와 연결된다.

1) Surface

Main Deck, E/R(Engine Room) Bulkhead, Inner Bottom 등과 같이 기능적인 Compartment로 선체 외곽의 선박을 나누는 주 선박의 구조의 형상이다.

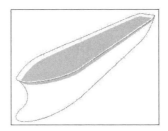

그림 1-2: Surface

2) Compartment

일반적으로 Compartment는 Cargo Tank 또는 Machinery Space와 같은 기능적인 목적을 가지고 있다. Compartment의 크기와 형상은 surface들 경계의 인접한 세트에 의하여 정의된다.

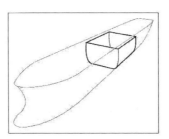

그림 1-3: Compartment

3) System

Sea Water Ballast 시스템과 Lub Oil 시스템과 같이 선박에서 특별한 서비스를 제공하는 완전한 on-board 기능적인 의장(outfit) 시스템이다. 하나의 시스템은 파이프들, 케이블들 또는 Ventilation Trunk들 등과 같은 Object들과 Component들로 서로 연결된 장비를 포함하고 있다.

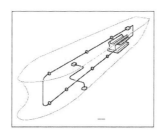

그림 1-4: System

4) Block

선박에서 일반적인 물리적인 영역을 의미한다. 일반적으로 Hull Steel의 주요한 Assembly와 의장(outfit)은 구조를 제공하며, 이 구조는 Building Dock에서 선체 위치로 탑재된다.

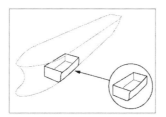

그림 1-5: Block

5) Module

Supporting Frame Work에서 Deck Piping과 같이 Assembly들을 위하여 서로 연관된 물리적인 선박의 영역에서의 의장 객체들(Outfit Objects)의 그룹이다. Compartment에서 또는 Section, Region에서 모든 의장(outfit)일 수도 있다.

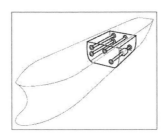

그림 1-6: Module

6) Assembly

스테이지(Stage)에서 건설 과정에서 함께 연결되어지는 부분들(Parts) 또는 서브어
셈블리들(Sub Assemblies)의 그룹이다.

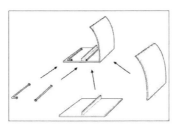

그림 1-7: Assembly

1-3. AVEVA Marine 12.1.SP3 Drafting 시작

AVEVA Marine 12.1.SP3 Drafting 프로그램을 실행하기 위해서 윈도우에서 시작 ⇨ AVEVA Marine ⇨ Design ⇨ Marine 12.1.SP3 ⇨ Marine Drafting을 선택한다.

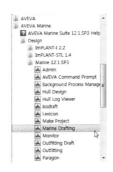

그림 1-8: 프로그램 실행

또는 단축 아이콘을 만들어 실행할 수 있다. 시작 ⇨ AVEVA Marine ⇨ Design ⇨ Marine 12.1.SP3 ⇨ Marine Drafting ⇨ 마우스 오른쪽 선택 ⇨ 보내기 ⇨ 바탕화면에 바로가기 만들기를 선택한다.

그림 1-9: 바탕화면 아이콘

Drafting 로그인 과정에서 Project mar를 선택한다. Username은 PHULL(Planar Hull User)를 선택하고, Password는 대문자로 PHULL을 입력한다. MDB(Multiple Database)는 PLANARHULL(For Planar Hull User)를 선

택한다. Login을 선택한다.

그림 1-10: Drafting 로그인

AVEVA Marine 12.1.SP3 Drafting의 초기 화면이다. 윈도우 창의 가장자리를
마우스 오른쪽으로 눌러 툴바(Toolbar)를 선택하고, 마우스로 드래그(Drag)하여 툴바
들을 설정한다.

그림 1-11: Drafting의 초기화면

1-4. Drafting Toolbar

윈도우 창의 가장자리를 마우스 오른쪽으로 눌러 툴바(Toolbar)를 선택하고, 마우스로 드래그(Drag)하여 툴바들을 설정한다.

그림 1-12: Drafting 툴바

툴바들이 여러 개 겹쳐 있는 경우에는 Toolbar Options를 선택한다.

그림 1-13: Toolbar Options

툴바 이동은 툴바를 마우스로 눌러 드래그 하여 화면의 오른쪽, 왼쪽, 위쪽, 아래쪽, 원하는 곳으로 이동시킨다.

그림 1-14: 툴바 이동

1) Search Toolbar

검색 도구 단추이다.

그림 1-15: Search Toolbar

2) Default Toolbar

새로운 파일, 파일 저장 도구 단추이다.

그림 1-16: Default Toolbar

: Get Work

: Save Work

: Add CE to Draw List

: Remove CE from Draw List

: Create/Modify Lists

: Delete CE

3) Assembly Drafting Toolbar

Assembly Drafting 도구 단추이다.

그림 1-17: Assembly Drafting Toolbar

: Multiple Drawings

: Draw this Assembly

: Draw All Assemblies

: Find a Drawing

: View log

4) Assembly Department Toolbar

Assembly Department 도구 단추이다.

그림 1-18: Assembly Department Toolbar

: Create Department

5) History Toolbar

History 도구 단추이며, CE는 Current Element 이다.

그림 1-19: History Toolbar

← ⌄ : Back to

→ ⌄ : forward

6) 2D Lock Toolbar

2D Lock 도구 단추이며 축을 고정 한다.

그림 1-20: 2D Lock Toolbar

↕🔒 : LOCK U, 2D point를 정의 할 때 U 축을 제한한다.

🔒 : LOCK V, 2D point를 정의 할 때 V 축을 제한한다.

7) 3D Request Toolbar

3D Request 도구 단추이다.

그림 1-21: 3D Request Toolbar

▦ : Key In(입력)

▱ : Event(이벤트)

▪+△ : Offset Current (현재 점 offset)

↕🔒 : LOCK U, 2D point를 정의 할 때 U 축을 제한한다.

↔🔒 : LOCK V, 2D point를 정의 할 때 V 축을 제한한다.

🔒 : Lock View

⚓ : Lock X, X 축 Lock

⚓ : Lock Y, Y 축 Lock

⚓ : Lock Z, Z 축 Lock

🔒 : Lock Event Plane

⚓ : Lock XZ, XZ 축 Lock

⚓ : Lock YZ, YZ 축 Lock

⚓ : Lock XY, XY 축 Lock

/🔒 : Lock Event Line

/🔒 : Lock Any Line

🔓 : Unlock

(x,y) : Set Current

+△ : Add Offset

? : Verify(확인)

8) Button Toolbar

Button 도구 단추이며 OC(Operation Complete), Option, All, Repaint 등이
있다.

그림 1-22: Button Toolbar

✓ : OC(Operation Complete), Return

메뉴 Zap ⇨ Operation Complete

✕ : Quit(F9), 메뉴 Zap ⇨ Quit

🖑 : Cancel, 메뉴 Zap ⇨ Cancel

∞ : Options(F10), 메뉴 Zap ⇨ Cancel

 : ALL(F11), 메뉴 Zap ⇨ ALL

 : Repaint(Ctrl+R), 메뉴 View ⇨ Repaint

 : Zoom Auto(Ctrl+A), 메뉴 View ⇨ Zoom ⇨ Zoom Auto

🔍 : Zoom In(Ctrl+ I), 메뉴 View ⇨ Zoom ⇨ Zoom In

🔍 : Zoom Out(Ctrl+ U), 메뉴 View ⇨ Zoom ⇨ Zoom Out

 : Zoom Previous(Ctrl+ E), 메뉴 View ⇨ Zoom ⇨ Zoom Previous

 : Select Window, 메뉴 View ⇨ Zoom ⇨ Select Window

 : Pan(Ctrl+ W), 메뉴 View ⇨ Pan

9) Geometry Point Toolbar

Geometry Point 도구 단추이다.

그림 1-23: Geometry Point Toolbar

: Cursor Position
임의의 마우스 위치, 마우스를 클릭하였을 때 커서 포인트

: Node Point, 노드 포인트, Entity에 가장 가까운 끝점

: Key in, 입력, U, V좌표에 의하여 지정되는 점

: Event point, 이벤트 포인트, 모델의 가장 가까운 연결 포인트 또는 중심점

: Midpoint, 중간점, Entity의 중간 점

: Intersection point, 교차점, 두 개의 Entity가 교차하는 지점

: Nearest point, 가장 가까운 점, Entity에 가장 가까운 부분에 있는 점

: Existing point, 존재하는 점, Drawing 위에 존재하는 점

: Centre of Arc, 원의 중심 포인트. Arc의 중심점

: Arc by angle, 원의 각도 포인트
Arc 위에 각도가 지정되는 점(0도는 수평선, 반시계방향으로 +)

: Distance along Contour, Geometry를 따라서 사용자 정의 거리
사용자가 Entity의 거리를 따라 지정한 점.
Entity의 가장 가까운 끝에서 지정한 위치까지의 거리

: Centre of Gravity, 무게 중심, 닫힌 Contour 영역의 중심점

: Symbol connection, 심벌 연결 point

: OFFSET CURRENT, 현재 point에서부터 offset

현재 point에서부터 offset에서 하나의 point를 정의

현재 점으로부터 △u, △v로 계산되는 점

: AUTOMATIC

free-hand 위치에서부터 automatic point를 정의

사용자에 의하여 정의된 가장 가까운 Node, Midpoint, Intersection

Point

: ADD OFFSET, point에서 offset

하나의 point의 정의 한 후에 하나의 2D offset를 추가 할 수 있다.

next point가 설정되는 지점으로부터 point를 계산한다.

ADD OFFSET을 선택하기 전에 Point mode를 사용하여

Next Point를 설정한다.

10) Dimension Toolbar

치수 및 주석 도구 단추이다.

그림 1-24: Dimension Toolbar

: LINEAR DIMENSION, 메뉴에서 Dimension ⇨ LINEAR와 동일

: RADIUS DIMENSION, 메뉴에서 Dimension ⇨ RADIUS와 동일

: DIAMETER DIMENSION

메뉴에서 Dimension ⇨ DIAMETER와 동일

: ANGLE DIMENSION, 메뉴에서 Dimension ⇨ ANGLE과 동일

: CURVED DIMENSION, 메뉴에서 Dimension ⇨ CURVED와 동일

: AREA DIMENSION, 메뉴에서 Dimension ⇨ AREA와 동일

: DISTANCE DIMENSION, 메뉴에서 Dimension ⇨ DISTANCE와 동일

: 3D LINEAR DIMENSION

　　메뉴에서 Dimension ⇨ 3D ⇨ LINEAR와 동일

: 3D AXIS PARALLEL DIMENSION

　　메뉴에서 Dimension ⇨ 3D ⇨ AXIS PARALLEL과 동일

: 3D COORDINATE DIMENSION

　　메뉴에서 Dimension ⇨ 3D ⇨ COORDINATE와 동일

: 3D CURVE LENGTH DIMENSION

　　메뉴에서 Dimension ⇨ 3D ⇨ CURVE LENGTH와 동일

: WCOG DIMENSION

　　메뉴에서 Dimension ⇨ 3D ⇨ WEIGHT AND COG와 동일

: SHELL PROFILE MOUNTING ANGLE DIMENSION

　　메뉴에서 Dimension ⇨ 3D ⇨ SHELL PROFILE MOUNTING
　　ANGLE과 동일

: 3D POSITION RULER

　　메뉴에서 Annotate ⇨ POSITION RULER와 동일

: NOTE, 메뉴에서 Annotate ⇨ GENERAL NOTE와 동일

: MODIFY DIMENSION, 메뉴에서 Modify ⇨ DIMENSION과 동일

: MOVE REFERENCE

　　메뉴에서 Modify ⇨ Move ⇨ REFERENCE와 동일

11) File Toolbar

File 도구 단추이다.

그림 1-25: File Toolbar

📄 : 새로운 도면, 메뉴 File ⇨ New Drawing, Ctrl + N

📂 : 도면 열기, 메뉴 File ⇨ Open Drawing, Ctrl + O

💾 : 도면 저장, 메뉴 File ⇨ Open Drawing, Ctrl + S

🖨 : 파일 프린트, 메뉴 File ⇨ Print, Ctrl + P

🗄 : 모델 삽입, 메뉴 Insert ⇨ Model, Ctrl + M

📤 : 모델 변경, 메뉴 Tools ⇨ Model ⇨ Exchange

📑 : 모델 정보, 메뉴 Tools ⇨ Inquiry ⇨ Model, Ctrl + D

🖼 : 질의 확인, 메뉴 Tools ⇨ Inquiry ⇨ Verify

12) Geometry Toolbar

Geometry 도구 단추이다.

그림 1-26: Geometry Toolbar

┳ : Virtual geometry, Virtual geometry와 Real geometry 사이를 전환

▪ : INSERT POINT, 메뉴에서 Insert ⇨ POINT과 동일

: INSERT LINE, 메뉴에서 Insert ⇨ LINE과 동일

: INSERT ARC

원의 호나 원을 생성하며 메뉴에서 Insert ⇨ ARC를 선택한다.

: INSERT POLYLINE, 메뉴에서 Insert ⇨ POLYLINE과 동일

: Staircase

: INSERT CONIC

Conic Segments들과 Ellipses들을 생성하며

메뉴에서 Insert ⇨ CONIC과 동일

: INSERT SPLINE, 메뉴에서 Insert ⇨ SPLINE과 동일

: INSERT RECTANGLE, 메뉴에서 Insert ⇨ RECTANGLE과 동일

: INSERT SQUARE, 메뉴에서 Insert ⇨ SQUARE과 동일

: INSERT PARALLEL CURVE

메뉴에서 Insert ⇨ PARALLEL CURVE와 동일

: 입력란

13) Geometry2 Toolbar

Geometry 도구 단추이다.

그림 1-27: Geometry2 Toolbar

: TRANSFORM GEOMETRY

메뉴에서 Modify ⇨ Transform ⇨ GEOMETRY와 동일

: COPY GEOMETRY

메뉴에서 Modify ⇨ Copy ⇨ GEOMETRY와 동일

✖ : DELETE GEOMETRY

메뉴에서 Edit ⇨ Delete ⇨ GEOMETRY와 동일

14) Geometry Arc Toolbar

Geometry Arc 도구 단추이며, 원의 호나 원을 생성하며 메뉴에서 Insert ⇨ ARC와 동일하다.

그림 1-28: Geometry Arc Toolbar

⌒ : 세 점 (Through three points)

Arc가 반드시 3 점을 지난다.

메뉴에서 View ⇨ Toolbars ⇨ Geometry ⇨ INSERT ARC 동일

🕐 : centre and radius, 원점과 반지름 (원점과 반지름의 원)

Circle, of given radius about a centre point

Point를 지정하고 입력 창에 반지름을 입력한다.

메뉴에서 View ⇨ Toolbars ⇨ Geometry ⇨ INSERT ARC 동일

그림 1-29: radius 입력

⌢ : 2 points and an amplitude, 두 점과 높이(Amplitude)

Between 2 end points and given amplitude

2개의 point를 지정하고 폭의 값을 입력한다.

메뉴에서 View ⇨ Toolbars ⇨ Geometry ⇨ INSERT ARC 동일

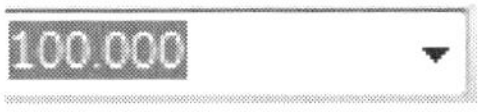

그림 1-30: Amplitude 입력

◆▲ : 2 points and a radius, 두 점과 반지름

Between 2 end points and given radius

두 개의 point를 지정하고 반지름을 입력한다.

메뉴에서 View ➪ Toolbars ➪ Geometry ➪ INSERT ARC 동일

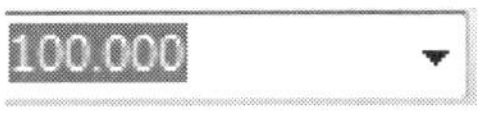

그림 1-31: radius 입력

◉ : centre and point, 원점과 Point (point를 통과하는 원점의 원)

Circle, about centre point, through a point

원의 중심점과 point를 지정한다.

메뉴에서 View ➪ Toolbars ➪ Geometry ➪ INSERT ARC 동일

◎ : centre and tangent, 원점과 탄젠트(tangent)

한 line에 접점으로 하는 원

Circle, about centre point. tangent to a line

Point와 Line을 지정한다.

메뉴에서 View ➪ Toolbars ➪ Geometry ➪ INSERT ARC 동일

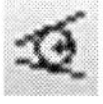

◁ : two tangents and a radius, 두 선에 접점으로 하는 원

Circle, given radius and tangent to two lines

한 점으로 모이는 두 개의 라인을 선택하고 반지름을 입력한다.

메뉴에서 View ➪ Toolbars ➪ Geometry ➪ INSERT ARC 동일

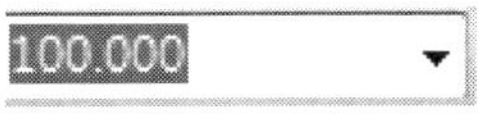

그림 1-32: radius 입력

: three tangents, 세 개의 선에 접점으로 하는 원

Circle, tangent to three lines

3개의 라인을 지정한다.

메뉴에서 View ⇨ Toolbars ⇨ Geometry ⇨ INSERT ARC 동일

: Arc: Point, Radius and Tangent

15) Geometry Conic Toolbar

Geometry Conic 도구 단추이며, conic segments들과 ellipses들을 생성하며 메뉴에서 Insert ⇨ CONIC과 동일하다.

그림 1-33: Geometry Conic Toolbar

: Circumscribed rectangle (Ellipse - Bounding Rectangle)
사각형 안의 타원

: Major 축과 minor Axis (Ellipse, Semi- & Semi-Minor Axis)
타원의 장축과 단축을 나타내는 점의 타원

: Focal point와 major axis
(Ellipse, Focal Points & Length of Major)
타원의 장축의 길이의 점과 타원의 점을 지나는 타원

: Focal points와 point
(Ellipse, Focal Points & Point on Periphery)
타원 주위의 두 점과 타원의 한 점을 지나는 타원

: Segment data (Segment, End Points & Data)
호의 smooth의 값으로 두 점을 지나는 호

- : End points, slope과 point

    (Segment, End Points, Slopes와 Point Data)

    호의 경사진 두 점과 3점을 지나는 호

16) Geometry Line Toolbar

Geometry Line 도구 단추이며, 메뉴에서 Insert ⇨ LINE과 동일하다.

그림 1-34: Geometry Line Toolbar

- : 두 점, Two points (End Points)

    처음과 끝점을 지정한다.

    메뉴에서 View ⇨ Toolbars ⇨ Geometry ⇨ INSERT LINE 동일

- : Point와 각도, point and angle, Line에 각도에 대한 선

    Line에 point를 지정하고 박스에 각도를 입력합니다.

    메뉴에서 View ⇨ Toolbars ⇨ Geometry ⇨ INSERT LINE 동일

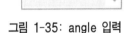

그림 1-35: angle 입력

- : Horizontal, Horizontal through point, 수평선

    메뉴에서 View ⇨ Toolbars ⇨ Geometry ⇨ INSERT LINE 동일

- : Vertical, Vertical through point, 수직선

    메뉴에서 View ⇨ Toolbars ⇨ Geometry ⇨ INSERT LINE 동일

- : 평행선, 거리만큼 떨어진 평행선

    Parallel to another line at a distance

    라인으로부터 떨어진 거리(Distance) 값을 입력한다.

선을 지정하고 박스에 라인으로의 거리를 입력한다.

메뉴에서 View ⇨ Toolbars ⇨ Geometry ⇨ INSERT LINE 동일

100.000 ▼

그림 1-36: distance 입력

: Perpendicular to another line, 선에 대한 직각 선

Perpendicular to a line and through point

라인과 point를 지정한다.

메뉴에서 View ⇨ Toolbars ⇨ Geometry ⇨ INSERT LINE 동일

: Tangent through point and circle, 원에 대한 접선

Arc와 point를 지정한다.

메뉴에서 View ⇨ Toolbars ⇨ Geometry ⇨ INSERT LINE 동일

: Parallel to tangent, 원의 접선에 대한 평행선

parallel to line Tangent to circle and parallel to line

Arc와 Line을 지정한다.

메뉴에서 View ⇨ Toolbars ⇨ Geometry ⇨ INSERT LINE 동일

: Perpendicular to tangent, 선에서 원에 대한 직선

Tangent to circle and perpendicular to line

Arc와 라인을 지정한다.

메뉴에서 View ⇨ Toolbars ⇨ Geometry ⇨ INSERT LINE 동일

: Tangent to two arcs, 두 원을 접하는 선

Tangent to two circles or arcs of circles

Arc를 지정한다.

메뉴에서 View ⇨ Toolbars ⇨ Geometry ⇨ INSERT LINE 동일

17) Geometry Polyline Toolbar

Polyline을 사용하면 contour로 이루어지며 Insert Line을 사용하면 segment가 된다. Contour는 segment들로 구성되며 segment는 결합(chain)을 통하여 Contour를 만들 수 있으며 반대로는 분해(dechain) 할 수 있다.

Contour   Segment

그림 1-37: Contour, segment

Geometry Polyline 도구 단추이며, 메뉴에서 Insert ⇨ Polyline과 동일하다.

그림 1-38: Geometry Polyline Toolbar

: Two points, Insert Line ⇨ Two points (End Points)와 동일

: Polyline: Line by Direction and Length

: Three points, 세 점,
  Insert Arc ⇨ Three points (Through three points)와 동일

: Two points and an Amplitude
  Insert Arc ⇨ Between 2 end points and given amplitude와 동일

: Two points and a Radius
  Insert Arc ⇨ Between 2 end points and given radius와 동일

±? : Tolerance(공차)
  규정된 공차보다 작은 높이(amplitude)를 가진 Arc segments는
  시스템에 의한 라인 세그먼트(segment)로서 고 려되어야 한다.

18) Subpicture Level Toolbar

Subpicture Level 도구 단추이다.

그림 1-39: Subpicture Level Toolbar

1 : View

2 : Subview

3 : Component

4 : Subcomponent

19) Shaded View Tools Toolbar

Shaded View Tools 도구 단추이다.

그림 1-40: Shaded View Tools Toolbar

⌖ : SELECT

Shading Mode에서 모델로부터 하나의 모델부분을 선택한다.

⌖ : AUTO SCALE

Shaded View에 맞게 모든 모델들을 자동으로 축척하며
모든 Shaded Model View는 화면에 나타난다.

⌖ : ZOOM WINDOW

현재 화면으로부터 두 개의 반대편 구석에 의하여 정의된 창을 화면에
나타낸다. 사각형으로 모델을 선택하여 창을 새로운 창으로 확대한다.

: ZOOM, Shaded View의 부분을 확대

: SLIDE, Shaded Model View를 원하는 방향으로 이동

: SPIN, Shaded Model View를 선택한 점에서 원하는 방향으로 회전

: WALK

Perspective Camera가 켜져 있을 때만 사용이 가능
Model을 통하여 perspective는 이동이 되며,
원하는 거리에서 Model 부분들을 볼 수 있음

: TILT, 중심점 주위로 Model View가 회전

: TOP VIEW, 메뉴에서 View ⇨ Shading ⇨ TOP VIEW와 동일

: FRAME VIEW - LOOKING AFT

메뉴에서 View ⇨ Shading ⇨ FRAME VIEW - LOOKING AFT와
동일

: FRAME VIEW - LOOKING FOR

메뉴에서 View ⇨ Shading ⇨ FRAME VIEW - LOOKING FOR와
동일

: SIDE VIEW _ LOOKING PORT SIDE

메뉴에서 View ⇨ Shading ⇨ SIDE VIEW - LOOKING PORT side와
동일

: ISOMETRIC VIEW - LOOKING AFT

메뉴에서 View ⇨ Shading ⇨ ISOMETRIC VIEW - LOOKING AFT

: ISOMETRIC VIEW - LOOKING FOR

메뉴에서 View ⇨ Shading ⇨ ISOMETRIC VIEW - LOOKING FOR

: SELECT PERSPECTIVE CAMERA

Perspective camera가 전환 되어 질 때 Model은 자동적으로
perspective view에서 화면에 나타난다.

20) Subpicture Toolbar

Subpicture 도구 단추이다.

그림 1-41: Subpicture Toolbar

: CURRENT SUBPICTURE

메뉴에서 Tools ⇨ Subpicture ⇨ CURRENT와 동일

: TRANSFORM SUBPICTURE

메뉴에서 Modify ⇨ Transform ⇨ SUBPICTURE와 동일

: COPY SUBPICTURE

메뉴에서 Modify ⇨ Copy ⇨ SUBPICTURE와 동일

: DELETE SUBPICTURE

메뉴에서 Edit ⇨ Delete ⇨ SUBPICTURE와 동일

: SPLIT SUBPICTURE

메뉴에서 Tools ⇨ Subpicture ⇨ SPLIT와 동일

: REGROUP SUBPICTURE

메뉴에서 Tools ⇨ Subpicture ⇨ REGROUP와 동일

21) Symbol Toolbar

Symbol 도구 단추이다.

그림 1-42: Symbol Toolbar

⬔ : INSERT SYMBOL, 메뉴에서 Insert ⇨ SYMBOL과 동일

⬔ : MOVE SYMBOL, 메뉴에서 Modify ⇨ Move ⇨ SYMBOL과 동일

⬔ : COPY SYMBOL, 메뉴에서 Modify ⇨ Copy ⇨ SYMBOL과 동일

⬔ : MODIFY SYMBOL

　　　메뉴에서 Modify ⇨ Properties ⇨ SYMBOL과 동일

⬕ : DELETE SYMBOL, 메뉴에서 Edit ⇨ Delete ⇨ SYMBOL과 동일

22) Text Toolbar

Text 도구 단추이다.

그림 1-43: Text Toolbar

A : INSERT SINGLE TEXT

　　　메뉴에서 Insert ⇨ TEXT, SINGLE - LINE과 동일

AI : EDIT TEXT, 메뉴에서 Edit ⇨ TEXT와 동일

A : MOVE TEXT, 메뉴에서 Modify ⇨ Move ⇨ TEXT와 동일

AA : COPY TEXT, 메뉴에서 Modify ⇨ Copy ⇨ TEXT와 동일

: MODIFY TEXT, 메뉴에서 Modify ⇨ Properties ⇨ TEXT와 동일

: DELETE TEXT, 메뉴에서 Edit ⇨ Delete ⇨ TEXT LINE과 동일

23) Transform Toolbar

Transform 도구 단추이며, 메뉴 Modify ⇨ Transform ⇨ GEOMETRY을 선택한다.

그림 1-44: Transform Toolbar

: Scale(축척)

도형이나 subpicture의 절대 축척 값을 입력한다.

보기 : 1:10 또는 10을 입력한다.

: Move Delta(값만큼 이동)

수직과 수평의 상대적인 증가 값(U축, V축)을 입력한다.

보기: 300, 500인 좌표 값이나 100 R 등을 입력한다.

: Move Two Points (두 점사이의 이동)

기준점과 이동되는 점을 선택한다.

: Rotate Delta (값만큼 회전)

회전되는 각도 값을 입력한다.

반시계 방향이 양수(+) 값이다.

: Rotate Two Points (두 점사이의 회전)

두 점의 기준점으로 회전한다.

: Rotate 45° (45도 회전)

: Rotate 90° (90도 회전)

: Rotate 180° (180도 회전)

: Rotate -90° (-90도 회전)

: Mirror V (V축 대칭)

   V축(수직)으로 대칭한다.

: Mirror U (U축 대칭)

   U축(수평)으로 대칭한다.

: Mirror Any Line (선으로 대칭)

: Parallel (평행)

   entity의 선과 평행하고 다른 직선으로부터 떨어진 거리만큼 이동한다.

: Four Points (네 점)

   두 점의 지점을 지정하여 중심축을 설정하고 이동 할 두 점을 지정하여
   이동한다.

: Same As (동일하게)

   존재하는 도형이나 subpicture와 똑같이 이동, 축척, 회전, 대칭한다.

: Along Curve (곡선을 따라서)

   곡선을 따라서 entity를 이동한다.

: LOCK U, U 축 잠금

   이동하기 전에 선택하면 component는 잠기고 오로지 회전과 수직의
   위치만 변화된다.

: LOCK V, V 축 잠금

   이동하기 전에 선택하면 component는 잠기고 오로지 회전과 수직의
   위치만 변화된다.

: Centre (센터)

   회전의 중심을 이동하며 default에 의해 지정된 Rectangle의 중심에서
   회전의 중심은 회전 이동에 사용된다.

대칭 기능에서도 중심을 이동 시킬 수 있다.

 : Form Detection (Form 탐지)

　이동의 기능을 수행하고 있는 동안 Drawing Form을 선택 할 수 없는데
　Form Detection을 선택하면 move two points와 같은 이동을
　사용 할 때 form을 선택 할 수 있다.
　Moving과 같은 기본적인 이동을 실행하는 동안 Options(F10)를
　선택하여 Free-displacing node와 Free-rotating mode를
　토글(toggle) 할 수 있다.

24) Vitesse Toolbar

Vitesse 도구 단추이다.

그림 1-45: Vitesse Toolbar

　: Vitesse, 메뉴에서 Tools ⇨ Vitesse ⇨ RUN SCRIPT와 동일하다.

　: Edit Script, 메뉴에서 Tools ⇨ Vitesse ⇨ EDIT과 동일하다.

　: Run Selected, 메뉴에서 Tools ⇨ Vitesse ⇨ RUN SELECTED와 동일

　: Script Combo Box, 최근에 시작된 스크립트들을 포함한다.

　: Debugger, 메뉴에서 Tools ⇨ Vitesse ⇨ DEBUG와 동일하다.

　: Vitesse log, 메뉴에서 Tools ⇨ Vitesse ⇨ LOG WINDOW와 동일

　: Reload Modules, 메뉴에서 Tools ⇨ Vitesse ⇨ RELOAD와 동일

25) Windows Toolbar

Windows 도구 단추이며, 작업 창을 정의한다.

메뉴에서 View ⇨ Zoom ⇨ DEFINE WINDOW을 선택한다.

Option을 사용한다.

메뉴에서 View ⇨ Zoom ⇨ SELECT WINDOW을 선택한다.

그림 1-46: Windows Toolbar

: Predefined window 0

: Predefined window 1

: Predefined window 2

: Predefined window 3

: Predefined window 4

: Predefined window descriptions

: Define predefined window

2장 : AVEVA Marine Drafting 메뉴

2-1. AVEVA Marine Drafting 메뉴

1) File 메뉴

파일에 관련된 메뉴이다. Save Work은 AVEVA Marine Drafting의 환경을 저장한다. 새로운 파일, 파일 열기, 파일 저장, 파일 닫기, 파일 다른 이름으로 저장, 파일 출력, 파일 전송, 파일 다른 포맷으로 내보내기, 다른 포맷 불러오기, 파일 삭제 등이 있다.

그림 2-1: File 메뉴

Drawing Reference 메뉴이다.

그림 2-2: Drawing Reference 메뉴

Import 메뉴와 Export 메뉴이다.

그림 2-3: Import 메뉴, Export 메뉴

Databank 메뉴는 파일을 리스트하고 삭제하며, Modules 메뉴는 다른 모듈로 이동시킨다.

그림 2-4: Databank 메뉴

2) Edit 메뉴

편집에 관련된 메뉴이며, Drafting의 삭제는 대부분 Delete 메뉴에 존재한다.

그림 2-5: Edit 메뉴

Delete 메뉴는 Geometry, Subpicture, Hatch Pattern 등을 삭제한다.

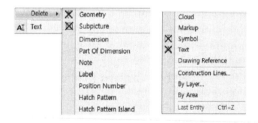

그림 2-6: Delete 메뉴

3) View 메뉴

View에 관련된 메뉴이며, Zoom, Repaint, Shading, 명령어 창 등이 있다.

그림 2-7: View 메뉴

Zoom 메뉴는 확대 및 축소를 한다.

그림 2-8: Zoom 메뉴

Grid 메뉴는 그리드를 정의하고 Visible하게 한다.

그림 2-9: Grid 메뉴

Envelope와 2D Restiction 메뉴이다.

그림 2-10: Envelope, 2D Restiction 메뉴

Shading 메뉴는 Model을 Top View, Frame View 등을 볼 수 있다.

그림 2-11: Shading 메뉴

Explores메뉴와 Addins 메뉴이다.

그림 2-12: Explores메뉴, Addins 메뉴

Link Document 메뉴와 Windows 메뉴이다.

그림 2-13: Link Document 메뉴, Windows 메뉴

4) Insert 메뉴

Insert에 관련된 메뉴이며, 도구단추를 사용 할 수 있다, Point, line, Arc, Polyline, Staircase, Conic, Spline, 사각형, 정사각형 등이 있다.

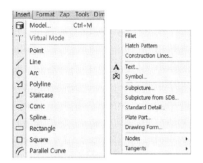

그림 2-14: Insert 메뉴

Nodes 메뉴와 Tangents 메뉴이다.

그림 2-15: Nodes 메뉴, Tangents 메뉴

5) Format 메뉴

Format에 관련된 메뉴이다. 색상, Line Type, 해치 패턴 등이 있으며, Defaults 파일에는 Drafting의 변수에 대한 default 값들이 저장되어 있으며, 변수 값을 직접 변경하면 메뉴에서 값을 지정한 것과 같으며, Drafting을 다시 시작하는 경우에는 시스템에서 default 값을 읽어 들인다.

그림 2-16: Format 메뉴

Geometry Mode 메뉴이다. Geometry Mode 2D_Points 메뉴이다.

그림 2-17: Geometry Mode 2D_Points 메뉴

Geometry Mode 3D_Points 메뉴이다.

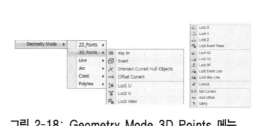

그림 2-18: Geometry Mode 3D_Points 메뉴

Geometry Mode Line, Arc 메뉴이다.

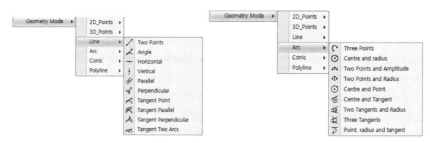

그림 2-19. Geometry Mode Line, Arc 메뉴

Geometry Mode Conic, Polyline 메뉴이다.

그림 2-20: Geometry Mode Conic, Polyline 메뉴

6) Zap 메뉴

제어에 관련된 메뉴이며, OC, Quit, Options, All, Subpicture Level 등이 있다.

그림 2-21: Zap 메뉴

Subpicture Level 메뉴이다.

그림 2-22: Subpicture Level 메뉴

7) Tools 메뉴

도구에 관련된 메뉴이며, Model, Model View, Subpicture, Inquiry 등의 메뉴
가 있다.

그림 2-23: Tools 메뉴

Model 메뉴와 Model View 메뉴이다.

그림 2-24: Model 메뉴, Model View 메뉴

Subpicture 메뉴와 Vitesse 메뉴이다.

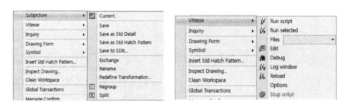

그림 2-25: Subpicture 메뉴, Vitesse 메뉴

Inquiry 메뉴이다.

그림 2-26: Inquiry 메뉴

Drawing Form 메뉴이다.

그림 2-27: Drawing Form 메뉴

Symbol 메뉴와 Settings 메뉴이다.

그림 2-28: Symbol 메뉴, Settings 메뉴

Reporting 메뉴와 Standard Settings 메뉴이다.

그림 2-29: Reporting 메뉴, Standard Settings 메뉴

8) Dimension 메뉴

치수에 관련된 메뉴이며, 선형 치수, 반지름 치수, 지름 치수, 각도 치수 등이 있다.

그림 2-30: Dimension 메뉴

3D 메뉴이다.

그림 2-31: 3D 메뉴

9) Annotate 메뉴

주석에 관련된 메뉴이며, Note, Position Number, Label, Ruler, Cloud 등의
메뉴가 있다.

그림 2-32: Annotate 메뉴

Config Note 메뉴와 Hull Note 메뉴이다.

그림 2-33: Config Note 메뉴, Hull Note 메뉴

10) Modify 메뉴

Modify에 관련된 메뉴이며, Move, Copy, Transform, Trim, Chain, Unchain, Properties 등의 메뉴가 있다.

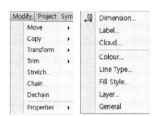

그림 2-34: Modify 메뉴

Move 메뉴와 Copy 메뉴이다.

그림 2-35: Move 메뉴, Copy 메뉴

Transform 메뉴이다.

그림 2-36: Transform 메뉴

Trim 메뉴와 Properties 메뉴이다.

그림 2-37: Trim 메뉴, Properties 메뉴

11) Project 메뉴

프로젝트에 관련된 메뉴이다.

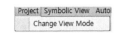

그림 2-38: Project 메뉴

12) Symbolic View 메뉴

Symbolic View에 관련된 메뉴이다.

그림 2-39: Symbolic View 메뉴

Planar Hull View 메뉴와 Curved Hull View 메뉴이다.

그림 2-40: Planar Hull View 메뉴, Curved Hull View 메뉴

13) Auto DP 메뉴

DP에 관련된 메뉴이다.

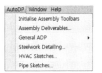

그림 2-41: Auto DP 메뉴

General ADP 메뉴이다.

그림 2-42: General ADP 메뉴

General ADP Toolbars 메뉴이다.

그림 2-43: General ADP Toolbars 메뉴

14) Window 메뉴

Window에 관련된 메뉴이며, Cascade, Close All Window, Minimize All Window 등의 메뉴가 있다.

그림 2-44: Window 메뉴

15) Help 메뉴

Help에 관련된 메뉴이며, Contents, Index 등의 메뉴가 있다.

그림 2-45: Help 메뉴

3장 : AVEVA Marine Drafting 파일 메뉴

3-1. AVEVA Marine Drafting 파일 메뉴

파일에 관련된 메뉴이다. Save Work은 AVEVA Marine Drafting의 환경을 저장한다. 새로운 파일, 파일 열기, 파일 저장, 파일 닫기, 파일 다른 이름으로 저장, 파일 출력, 파일 전송, 파일 다른 포맷으로 내보내기, 다른 포맷 불러오기, 파일 삭제 등이 있다.

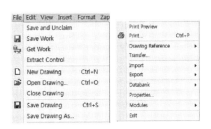

그림 3-1: 파일 메뉴

1) Save and Unclaim

도면에 대한 Claim을 풀고 저장한다.

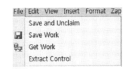

그림 3-2: Save and Unclaim

2) Save Work

Drafting 화면에 대한 환경을 저장한다.

3) Get Work

Drafting 화면에 대한 저장된 환경을 불러온다.

4) NEW Drawing

새로운 도면을 생성한다.

【 예제 1 📄 💾】

1. 새로운 도면을 생성하며 메뉴에서 File ⇨ New Drawing을 선택한다. Name에 My_Draw01을 입력하고, Browse 를 선택한다.

그림 3-3: New Drawing

2. Name에 * 또는 a*를 기입하고 List를 선택한다.

그림 3-4: New Drawing Name

3. A1-AVEVA를 선택하고 Insert를 선택한다. OK를 선택한다.

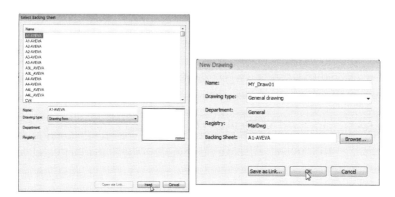

그림 3-5: A1-AVEVA

4. 새로운 도면이 열린다. Drawing Form은 Insert ⇨ Drawing Form을 사용하여 변경이 가능하다. File ⇨ Save Drawing을 선택한다.

그림 3-6: Drawing Form

5) OPEN Drawing

Data bank에 존재하는 도면을 연다.

- 파일이름에서 와일드카드 이름(wild card name)은 하나 또는 하나 이상의 문자를 대치한다.

- *는 하나 이상의 문자를 %는 하나의 문자를 대치한다.

- Envelope radio box에서 다음과 같은 옵션이 있다.

    • None : envelope control 없음 (default)

    • Initial : 모든 view들은 envelope을 가지고 초기적으로 나타난다.

    • Permanent : 모든 view들은 envelopes로서 계속적으로 정의되어진다.

- Expand Drawing References check box는 사용자가 도면을 열기 전에 자동적인 expanding of Drawing References를 설정 할 수 있다.

- Read-only box는 사용자가 읽기전용으로 도면을 불러 올 수 있다.

【 예제 1 📂 】

1. Data bank에 존재하는 도면을 연다. 메뉴에서 File ⇨ Open Drawing📂을 선택한다. Name에 와일드카드를 사용하여 M*를 입력한다. List를 선택한다. Name에 아무것도 나타나지 않으면, 파일이 존재하지 않는 것이다. MY_DRAW01을 선택하고 Open을 선택한다.

그림 3-7: Open Drawing

6) CLOSE Drawing

도면을 닫는다.

【 예제 1 】

1. 메뉴에서 File ⇨ Close Drawing을 선택한다. 도면에 작업을 하고, 저장하지 않고
현재 도면을 닫으면, 닫기 전에 저장을 할 것인지를 물어본다.

그림 3-8: Close Drawing

7) SAVE

현재 도면을 저장한다.
- Data bank에서 이름은 변경되지 않고 현재 도면을 저장한다.
- 변수 SBB_SAVE_PREVIEW가 YES로 설정되어 있다면 도면의 preview는
저장된다.

(1) SAVE

【 예제 1 📱 】

1. 현재 도면을 저장하며, 메뉴에서 File ⇨ Save Drawing📱을 선택한다. 메시지
창에서 파일이 Data bank에 정상적으로 저장되었음을 나타냅니다.

그림 3-9: Save Drawing

(2) SAVE AS

현재 도면을 다른 이름으로 저장한다.

【 예제 1 】

1. 메뉴에서 File ⇨ Save Drawing As를 선택한다. 만일 Data bank에 이미 존재
   하는 동일한 이름이 존재하면 메시지 창이 나타난다. 만일 도면을 삭제하려면 데이
   터베이스 Tools를 사용하거나 메뉴에서 File ⇨ Databank ⇨ Delete in……에서
   삭제한다. 메시지 창에서 파일이 자료뱅크에 정상적으로 저장되었음을 나타낸다.

그림 3-10: Save Drawing As

8) Data bank

(1) List

Data Bank에서 객체들을 리스트 한다.

【 예제 1 】

1. 메뉴에서 File ⇨ Databank ⇨ List를 선택한다. Data Base 리스트에서 DB를
   선택한다. Drawings를 선택한다.

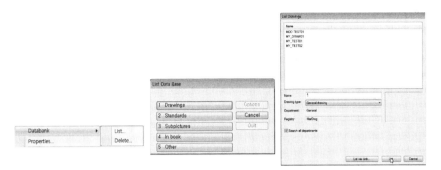

그림 3-11: List Data Base

2. 메뉴 창에서 *를 입력하고 OK를 선택한다. Cancel을 선택한다.

그림 3-12: List Drawing

(2) Delete

Data Bank에서 객체들을 삭제한다.

- 객체의 메뉴와 데이터베이스와 DB의 파일이름이다.

    1. Drawings   Drawing DB   (SB_PDB)

    2. Standards   Standard Library DB   (SBD_STD)

    3. Subpictures   Subpicture DB   (SBD_PICT)

    4. In Book   Standard Library DB   (SBD_STD)

【 예제 1 】

1. 메뉴에서 File ⇨ Databank ⇨ Delete를 선택한다. Drawings를 선택한다. 도면을 선택하고, Delete를 선택한다.

그림 3-13: Delete Drawing

2. Delete 확인에 Yes를 선택한다. Preview에 도면이 존재하여야 삭제가 가능하며, 도면에 아무것도 존재하지 않으면 삭제가 되지 않는다. 메뉴에서 Cancel을 선택한다.

그림 3-14: Delete Drawing

9) PRINT Preview

현재 도면을 인쇄 미리보기

【 예제 1 】

1. 현재 도면에서 메뉴 File ⇨ Print Preview를 선택한다.

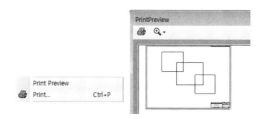

그림 3-15: Print Preview

10) PRINT

현재 도면을 인쇄하며, 메뉴에서 File ⇨ Print를 선택한다.

그림 3-16: Print

11) DRAWING REFERENCE

현재 도면에서 Drawing References(도면 참조)한다. 개별적으로 저장된 Component의 프로젝트 도면들에 대한 참조들이며, Direction, Name, Usage code, Detail level들의 정보들이 저장된다.

그림 3-17: Drawing References

(1) DEFINE

【 예제 1 】

1. MY-TEST01 도면, MY-TEST02 도면을 그린다.

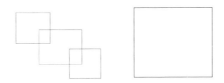

그림 3-18: MY-TEST01 도면, MY-TEST02 도면

2. MY-TEST01 도면에서 메뉴 File ⇨ Drawing Reference ⇨ Define을 선택한
다. MY-TEST02를 선택하고 Define을 선택한다.

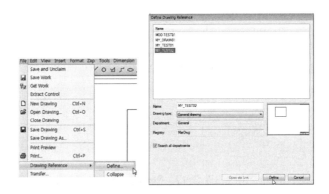

그림 3-19: Define

3. 마우스로 원하는 위치로 드래그 한다. OC를 선택한다.

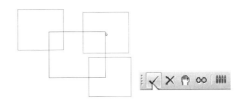

그림 3-20: OC

(2) COLLAPSE

현재도면에서 도면 참조(References)에서 Geometric 정보를 제거한다. Collapse 를 위한 (Expanded) Drawing References들은 사용자에 의하여 선택된다. 도면에서 모든 참조들을 collapse하려면 All을 선택한다. 만일 선택되면 Geometric 정보는 도면 참조 심벌(Drawing Reference Symbol)에 의하여 대체되지만 연관된 도면에 대한 연결(link)은 계속 존재한다.

그림 3-21: collapse

【 예제 1 】

1. 메뉴에서 File ⇨ Drawing Reference ⇨ Collapse을 선택한다. 도면 참조에서 Geometric 정보는 제거되지만 Link는 유지된다. Collapse하는 도면 참조를 선택한 다. Option으로 All을 선택 할 수 있다. 위에서 도면 참조한 사각형을 마우스로 선택 하면 도면 참조가 나타난다. OC를 선택하고 MY-TEST01 도면을 저장한다. OC를 선택하고 MY-TEST01 도면을 저장한다.

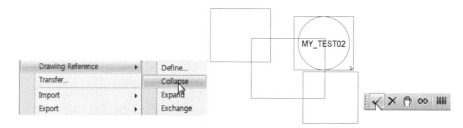

그림 3-22: collapse

(3) EXPAND

현재 도면에서 도면 참조(References)에서 Geometric 정보를 반환(return)한다. Expand를 위하여 (Collapsed) Drawing References들은 사용자에 의하여 선택된다. 도면에서 모든 참조들을 Expand하려면 All을 선택한다. 만일 선택되면 도면 참조 심벌(Drawing Reference Symbol)은 연관된 도면에서 Geometric 정보에 의하여 대체된다.

그림 3-23: Expand

【 예제 1 】

1. 메뉴에서 File ⇨ Drawing Reference ⇨ Expand를 선택합니다. 도면 참조에서 geometric 정보가 반환(return)된다. Expand하려는 도면 참조를 마우스로 선택한다. 사각형을 선택한다. 도면 참조를 마치고 OC를 선택한다. MY-TEST01 도면을 저장하지 않는다.

그림 3-24: Expand

(4) EXCHANGE

현재 도면에서 도면 참조에 Geometric 정보를 교환(Exchange (Refresh))한다. 이 작업은 Expand에 의한 Collapse와 동일하다. Exchange하려면 (Expanded) Drawing References들은 사용자에 의하여 선택된다. 도면에서 모든 참조들을 Exchange하려면 All을 선택한다. 선택이 되면 도면 참조의 내용들은 연관된 도면에서 geometric 정보를 가지고 교환된다. 만일 Disslove를 실행한 경우에는 Define을 다시 실행하여야 한다. Drawing Reference를 삭제하는 경우에는 메뉴에서 Edit ⇨ Delete ⇨ Drawing Reference를 선택한다. 만일 Exchange이 잘 되지 않는 경우에는 다른 도면을 Define하여 Collapse한 다음에 다시 실행한다.

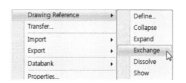

그림 3-25: Exchange

【 예제 1 】

1. 위에서 저장하지 않은 MY-TEST01 도면을 다시 불러온다. 메뉴에서 File ⇨ Drawing Reference ⇨ Exchange를 선택한다. 도면 참조들(References)에서 Geometric 정보가 업데이트(Update)된다. 도면 참조를 마치고 OC를 선택한다.

MY-TEST01 도면을 저장하지 않는다.

그림 3-26: Exchange

(5) SHOW

현재 도면에서 모든 Expanded 도면 참조(Drawing References)들을 확인(Verify)한다.

그림 3-27: SHOW

【 예제 1 】

1. 메뉴에서 File ⇨ Drawing Reference ⇨ Show를 선택합니다. 현재 도면에서 모든 Expanded Drawing References들을 확인(verify)한다.

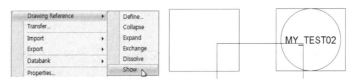

그림 3-28: SHOW

(6) DISSOLVE

현재 도면에서 참조된 도면들의 연결(Link)을 제거한다. Dissolve를 위해서 Drawing References는 사용자에 의하여 선택된다. 도면에서 모든 참조들을 Dissolve하려면 All을 선택한다. 선택되면 참조된 도면에 대한 연결은 끊어진다. 이전의 참조된 도면에 의하여 소유된 현재 도면은 Geometric 정보의 단독 소유자로 된다.

【 예제 1 】

1. 메뉴에서 File ⇨ Drawing Reference ⇨ Dissolve을 선택한다. 참조 도면들에 대한 연결은 제거된다. OC를 선택한다.

그림 3-29: Dissolve

(7) DRAWING REFERENCE 삭제

Drawing References를 삭제한다.

그림 3-30: Delete Drawing References

【 예제 1 】

1. 메뉴에서 Edit ⇨ Delete ⇨ Drawing Reference를 선택한다. 마우스로 참조 부
분을 선택한다. OC를 선택한다.

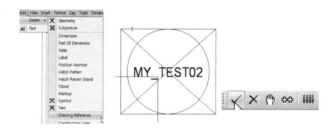

그림 3-31: Delete Drawing References

12) TRANSFER

현재 도면에서 선택된 정보를 도면 Data Bank에서, 또는 다른 Data Bank에서 다
른 도면으로 복사한다. 만일 복사 받는 도면이 존재하지 않는 경우에는 자동적으로 생
성된다. 메뉴에서 File ⇨ Transfer를 선택한다.

그림 3-32: Transfor

대화창이 나타나면 복사하는 도면의 이름을 입력한다. 와일드카드 이름을 사용하여
Data Bank의 파일들을 찾는 것이 가능하다. 만일 복사하는 도면이 존재하지 않는 경
우에는 자동적으로 생성된다. 전송을 위한 정보를 선택하기 위한 메뉴가 나타난다.

1. by subpicture

2. by layer

  by subpicture를 선택하면 subpictures들을 선택한다. 전송되는 도면이 형식 (form)을 포함한 경우에는 전송되는 도면에서 형식에 관련된 각각의 subpicture를 위한 위치를 입력한다. subpicture 선택이 완료되면 Operation Complete 또는 Cancel를 선택한다. by layer를 선택하면 layer 숫자들은 사용자에 의하여 입력된다. Layer 선택이 완료되면 CR를 누르거나 Cancel을 선택한다. Transfer 작업을 마치기 위해서 Operation Complete를 선택한다. Options를 선택하면 옵션들을 선택 할 수 있다. 받는 도면을 위한 자료뱅크를 명시하는 것이 가능하며 존재하는 Data Bank의 이름을 입력한다. 현재 도면에서 사용자에 의하여 선택된 정보는 전송되는 도면으로 전송된다.

【 예제 1 】

1. 메뉴에서 MY-TEST01 도면 파일을 열고, File ⇨ Transfer를 선택한다. Name 에 *를 누르고 List를 선택하고, Name에 MY-TEST03 도면을 선택하고 Save를 선택한다. 전송(복사)하고자 하는 파일이름을 선택하든지 입력한다. 존재하는 파일 이름 MY-TEST03을 선택하면, MY-TEST03로 전송(복사)된다. 만일 존재하지 않은 파일이름을 입력하면 자동으로 생성된다.

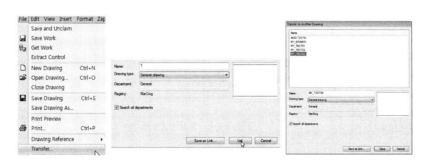

그림 3-33: Transfer

2. 전송 형식을 선택한다. subpicture나 layer를 선택하고 subpicture를 선택한다.
화면에서 사각형 도면을 선택하고 subpicture 레벨 1을 선택한다.

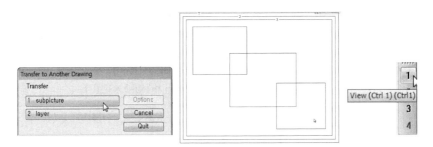

그림 3-34: subpicture 레벨

3. 메뉴에서 Cancel을 선택한다. Save Drawing에서 Yes를 선택한다. 메시지 창에
전송이 되었다는 것을 확인한다.

그림 3-35: Transfer

4. 메시지 창에 전송이 되었다는 것을 확인한다. MY-TEST02 도면을 열어 전송되었
는지 확인을 한다.

그림 3-36: Save Drawing

4장 : Geometry Toolbar

4-1. Geometry Toolbar

1) Geometry Toolbar Point

Geometry 도구 단추이다.

그림 4-1: Geometry Toolbar

■ : INSERT POINT, 메뉴에서 Insert ⇨ POINT과 동일

【 예제 1 】

1. 도구 단추 ■ Insert POINT를 선택한다. 도구 단추 Cursor position을 선택한다. 마우스로 임의의 점을 선택한다.

그림 4-2: Insert POINT

【 예제 2 】

1. 도구단추 Insert Arc을 선택한다. Arc: Centre and Radius를 선택한다. 입력란에 100을 입력한다.

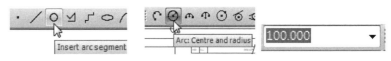

그림 4-3: Insert Arc

2. 도구 단추 Cursor position을 선택한다. 화면의 임의의 point를 마우스로 선택하여 원을 만든다. OC를 선택한다.

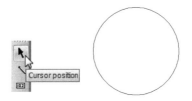

그림 4-4: Cursor position

3. 도구 단추 ▪ Insert POINT를 선택한다. 도구단추 Centre of arc를 선택하고 원을 선택한다. 원에 원점이 보이면 마우스를 클릭한다. OC를 선택한다.

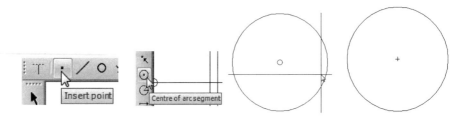

그림 4-5: Centre of arc

【 예제 3 】

1. 다음을 도면에 Drawing한다.

+   +

+   +

그림 4-6: 도면 예제

2) Point 삭제

- 하나의 Point를 삭제하려면 도구단추 Delete Geometry를 선택하고
  지우고자 하는 Point를 선택한다.
- 또는 메뉴에서 Edit ⇨ Delete ⇨ Geometry를 선택하고
  지우고자 하는 Point를 선택한다.
- 여러 개의 Point를 삭제 할 때는 Option을 이용한다.

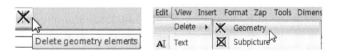

그림 4-7: Delete Point

【 예제 1 】

1. 도구단추 Delete Geometry를 선택한다.
2. 지우고자 하는 Point를 선택한다.
3. OC를 선택한다.

【 예제 2 】

1. 메뉴에서 Edit ⇨ Delete ⇨ Geometry를 선택한다.
2. 지우고자 하는 Point를 선택한다.
3. OC를 선택한다.

【 예제 3 】

1. 여러 개의 Point를 한 번에 지우는 경우 메뉴에서 Edit ⇨ Delete ⇨ Symbol을
   선택한다. Option을 선택한다. 메뉴에서 Point를 선택하고, All을 선택한다.

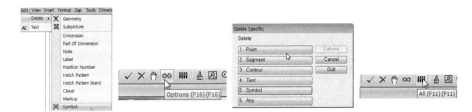

그림 4-8: Delete Point

2. 확인 창에서 Yes를 선택한다.

그림 4-9: Delete Point

3) Geometry Toolbar LINE

Geometry 도구 단추이다.

그림 4-10: Geometry Toolbar

: INSERT LINE, 메뉴에서 Insert ⇨ LINE과 동일

【 예제 1 】

1. 도구단추 Insert Line를 선택하고, 도구단추 Two Points를 선택한다.
도구 단추 Cursor position을 선택한다.

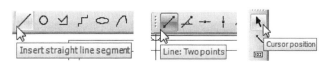

그림 4-11: Insert Line

2. 마우스로 임의의 점을 선택한다.

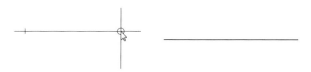

그림 4-12: Cursor position

【 예제 2 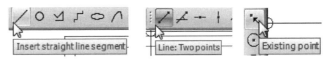 】

1. 도구단추 ✏ Insert Line를 선택하고, 도구단추 ✏ Two Points를 선택한다.
도구 단추 Existing point를 선택한다.

그림 4-13: Two Points

2. 마우스로 점을 선택하여 선을 만든다. OC를 누른다.

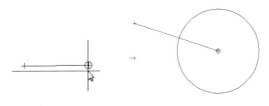

그림 4-14: Existing point

【 예제 3 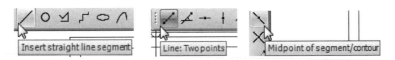 】

1. 도구단추 ✏ Insert Line를 선택하고, 도구단추 ✏ Two Points를 선택한다.
도구 단추 Midpoint of segment/contour를 선택한다.

그림 4-15: Midpoint of segment/contour

2. 마우스로 선의 중간점을 선택한다. Node point를 선택하고 선의 노드와 노드를 선택한다.

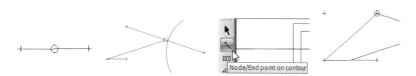

그림 4-16: Node point

3. 원의 노드와 노드를 선택한다. Intersection을 선택하고 교차점을 선택한다.

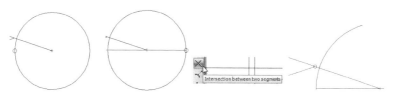

그림 4-17: Intersection

4. Node point를 선택하고 선의 노드를 선택한다. OC를 누른다.

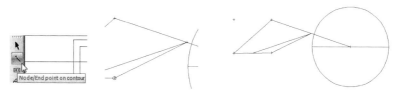

그림 4-18: Node point

【 예제 4 】

1. 다음을 도면에 Drawing한다.

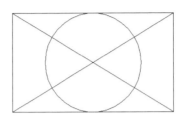

그림 4-19: 도면 예제

【 예제 5 ▪+△ ∦ 】

1. 도구단추 ╱ Insert Line를 선택하고, 도구단추 ╱ Two Points를 선택한다.
도구 단추 Cursor position을 선택한다.

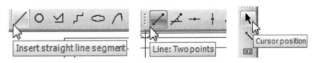

그림 4-20: Insert Line

2. 마우스로 임의의 점을 선택한다. Offset from current를 선택한다. 100 R을 입력
한다. R, L, U, D 등을 입력할 수 있다. OK를 누르고 빈 칸에 OK를 한 번 더 누
른다.

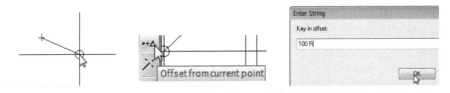

그림 4-21: Offset from current

3. Line: Parallel을 선택한다. 입력란에 거리 150을 입력한다. 마우스를 선 아래에 놓으면 150의 선이 나타난다. 선 아래를 클릭한다.

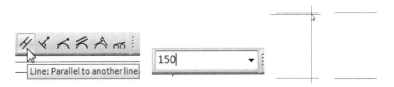

그림 4-22: Line Parallel

4. Two points를 선택한다. Node point를 선택한다. 선의 노드를 선택하고 클릭한다.

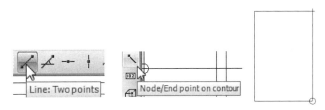

그림 4-23: Two points

【 예제 6 ▪+△ 】

1. 도구단추 ╱ Insert Line를 선택하고, 도구단추 ╱ Two Points를 선택한다. 도구 단추 Cursor position을 선택한다.

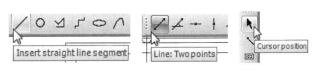

그림 4-24: Insert Line

2. 마우스로 임의의 점을 선택한다. Offset from current를 선택한다. 100 R을 입력

한다. OK를 누르고 빈 칸에 OK를 한 번 더 누른다.

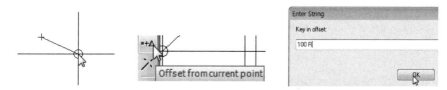

그림 4-25: Offset from current

3. Node point를 선택하고 선의 노드를 선택한다. current offset를 선택한다.

그림 4-26: Offset from current

4. 150 D를 입력한다. OK를 두 번 누른다.

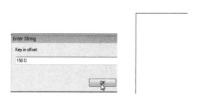

그림 4-27: Offset from current

5. 같은 방법으로 Node point를 선택하고 선의 노드를 선택한다. current offset를 선택한다.

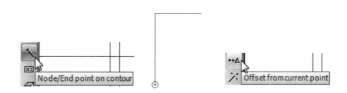

그림 4-28: Offset from current

6. 100 R을 입력한다. OK를 두 번 누른다. 같은 방법으로 Node point를 선택하고
선의 노드를 선택한다. current offset를 선택한다. 150 U를 입력한다. OK를 두 번
누른다. OC를 누른다.

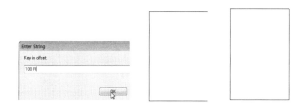

그림 4-29: Offset from current

【 예제 7 【image text】】

1. 도구단추 Insert Line를 선택하고, 도구단추 Two Points를 선택한다.
도구 단추 Cursor position을 선택한다.

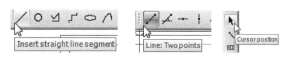

그림 4-30: Insert Line

2. 마우스로 임의의 점을 선택한다. Offset from current를 선택한다. 100 R을 입력
한다. OK를 누르고 빈 칸에 OK를 한 번 더 누른다.

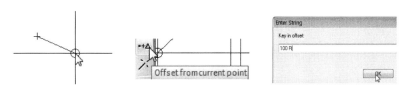

그림 4-31: Offset from current

3. Node Point를 선택하고 노드를 선택한다. Distance along Contour를 선택하고 선을 선택한다.

그림 4-32: Distance along Contour

4. 입력 창에 250을 입력한다. 오른쪽 방향으로 250만큼의 선이 만들어진다. OC를 누른다. Delete Geometry를 선택한다. 250의 선 아래를 선택한다. OC를 누른다.

그림 4-33: Delete Geometry

5. Refresh를 선택한다. Node Point를 선택하고 반대편 노드를 선택한다. Distance along Contour를 선택하고 선을 선택한다.

그림 4-34: Refresh

6. 입력 창에 250을 입력한다. 왼쪽 방향으로 250만큼의 선이 만들어진다. OC를 누른다.

그림 4-35: Distance along Contour

【 예제 8 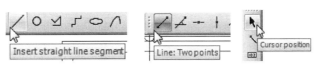 】

1. 도구단추 Insert Line를 선택하고, 도구단추 Two Points를 선택한다.
도구 단추 Cursor position을 선택한다.

그림 4-36: Insert Line

2. 마우스로 임의의 점을 선택한다. Offset from current를 선택한다. 250 R을 입력
한다. OK를 누르고 빈 칸에 OK를 한 번 더 누른다.

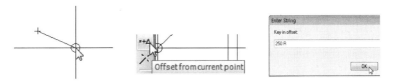

그림 4-37: Offset from current

3. Distance along Contour를 선택하고 선을 선택한다. 입력 창에 50을 입력한다.
오른쪽 방향으로 50만큼의 선이 만들어진다.

그림 4-38: Distance along Contour

4. 선을 선택하고 입력 창에 100을 입력한다. OC를 누른다.

그림 4-39: Distance along Contour

【 예제 9 +△ 】

1. 도구단추 ⟋ Insert Line를 선택하고, 도구단추 ⟋ Two Points를 선택한다. 도구 단추 Cursor position을 선택한다.

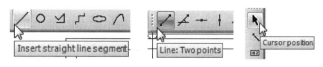

그림 4-40: Insert Line

2. 마우스로 임의의 점을 선택한다. Offset from current를 선택한다. 100 R을 입력한다. OK를 누르고 빈 칸에 OK를 한 번 더 누른다.

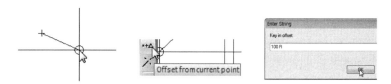

그림 4-41: Offset from current

3. Insert point를 선택하고, 도구단추 Add offset를 선택한다. 도구단추 Midpoint 를 선택한다.

그림 4-42: Add offset

4. 선을 선택하면 중간점이 나타나며, 마우스로 선택한다. 입력란에 50 U를 선택한다. 선의 중간점으로부터 50 위에 점을 나타낸다.

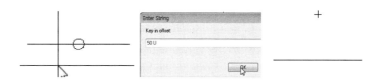

그림 4-43: Midpoint

5. 같은 방법으로 Insert point를 선택하고, 도구단추 Add offset를 선택한다. 도구 단추 node point를 선택한다.

그림 4-44: Insert point

6. 입력란에 50 D를 선택한다. 선의 중간점으로부터 50 아래에 점을 나타낸다. OC를 누른다.

그림 4-45: Insert point

7. 도구단추 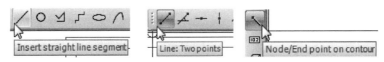 Insert Line를 선택하고, 도구단추 Two Points를 선택한다.
Node Point를 선택한다.

그림 4-46: Insert Line

8. 선의 오른쪽 노드를 선택한다. 도구단추 Add offset를 선택하고, Node Point를
선택한다.

그림 4-47: Add offset

9. 선의 오른쪽 노드를 선택한다. 입력란에 50 U를 입력한다. OC를 누른다. 선 오른
쪽 노드에서 50만큼 떨어진 선이 나타난다.

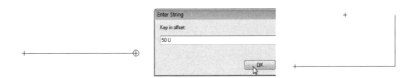

그림 4-48: Add offset

【 예제 10 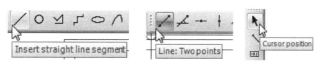 】

1. 도구단추 Insert Line를 선택하고, 도구단추 Two Points를 선택한다. 도구 단추 Cursor position을 선택한다.

그림 4-49: Insert Line

2. 마우스로 임의의 점을 선택하여 아래 그림을 그린다. 도구단추 을 선택하고 Perpendicular to another line을 선택한다. 아래 선을 선택한다.

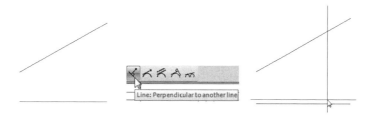

그림 4-50: Perpendicular to another line

3. 도구단추 Node point를 선택하고 위의 선 노드를 선택한다. 같은 방법으로 아래 선을 선택하고 도구단추 Node point를 선택하고 위의 선 노드를 선택한다.

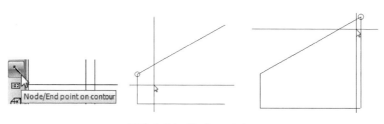

그림 4-51: Node point

4. 다시 아래 선을 선택하고 도구단추 Midpoint를 선택하고 위의 선 중간점을 선택한
다.

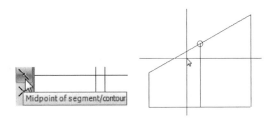

그림 4-52: Midpoint

5. 위에 선을 선택하고 도구단추 Midpoint를 선택하고 아래 선 중간점을 선택한다.
계속하여 Midpoint를 선택하고 아래 선 중간점을 선택한다.

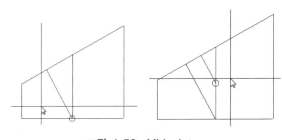

그림 4-53: Midpoint

6. 계속하여 Midpoint를 선택하고 아래 선 중간점을 선택한다. OC를 선택한다.

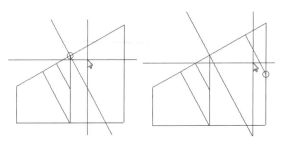

그림 4-54: Perpendicular to another line

【 예제 11 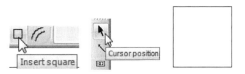 】

1. 도구단추 □ Insert Square를 선택하고, 도구 단추 Cursor position을 선택한다. 정사각형을 그리고 OC를 선택한다.

그림 4-55: Insert Square

2. 도구단추 ◢을 선택하고 Line: Parallel to another line을 선택하고 입력창에 10을 기입한다. 정사각형 선 위를 선택하고 마우스를 누른다.

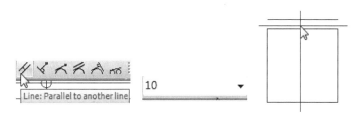

그림 4-56: Parallel to another line

3. 같은 방법으로 정사각형 바깥의 선을 선택하여 offset 선을 만든다. 정사각형의 안쪽의 선을 선택하여 마우스를 누른다. OC를 누른다.

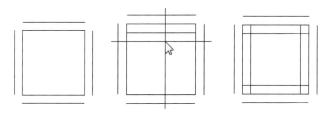

그림 4-57: Parallel to another line

【 예제 12  】

1. 도구단추  Insert Square를 선택하고, 도구 단추 Cursor position을 선택한 다. 정사각형을 그리고 OC를 선택한다.

그림 4-58: Insert Square

2. Insert PARALLEL CURVE 또는 메뉴에서 Insert ⇨ PARALLEL CURVE를 선택하고 입력창에 10을 입력하고 정사각형 바깥의 선을 선택하여 offset한다.

그림 4-59: PARALLEL CURVE

3. 같은 방법으로 정사각형 바깥의 선을 선택하여 offset 선을 만든다. 사각형을 offset 하면, 자동으로 filet 된다. 정사각형의 안쪽의 선을 선택하여 마우스를 누른다. OC를 누른다.

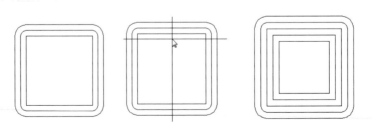

그림 4-60: PARALLEL CURVE

【 예제 13 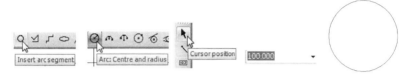 】

1. 도구단추 Insert Arc를 선택하고, 도구 단추 Centre radius를 선택하고 Cursor position을 선택한다. 입력창에 100을 입력하고 원을 그린다. OC를 선택한다.

그림 4-61: Insert Arc

2. 도구단추 Insert PARALLEL CURVE를 선택하고 입력창에 20을 입력하고 원의 안쪽을 선택하여 offset한다. 같은 방법으로 원의 안쪽을 선택하여 offset 선을 만든다. OC를 누른다.

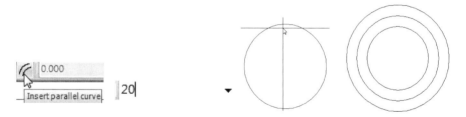

그림 4-62: PARALLEL CURVE

【 예제 14 】

1. 도구단추 Insert Arc를 선택하고, 도구 단추 Centre radius를 선택하고 Cursor position을 선택한다. 입력창에 50을 입력하고 원을 그린다. OC를 선택한다.

그림 4-63: Insert Arc

2. 도구단추 Insert Line를 선택하고, 도구단추 Two Points를 선택한다. 도구 단추 Cursor position을 선택한다.

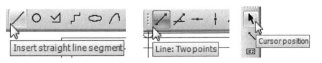

그림 4-64: Insert Line

3. 마우스로 원의 오른쪽의 임의의 점을 선택하여 아래 그림을 그린다. 도구단추 Line: Tangent through point and circle를 선택하고 원의 윗부분을 선택한다.

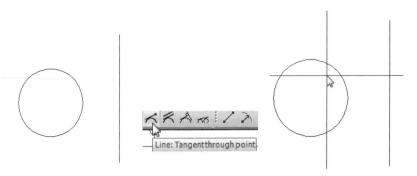

그림 4-65: Tangent through point and circle

4. Node Point를 선택하고 선의 노드 포인트를 선택한다. 같은 방법으로 원의 윗부분
을 선택하고, Mid Point를 선택하고 선의 중간점을 선택한다.

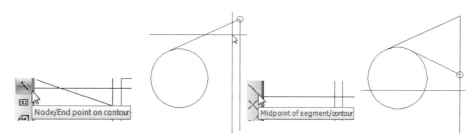

그림 4-66: Tangent through point and circle

5. 원의 아래 부분을 선택하고 Node Point를 선택하고 선의 노드 포인트를 선택한다.
같은 방법으로 원의 아래 부분을 선택하고, Mid Point를 선택하고 선의 중간점을 선
택한다. OC를 선택한다.

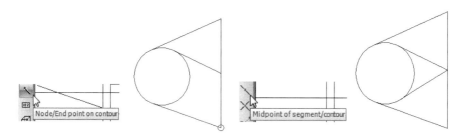

그림 4-67: Tangent through point and circle

7. 도구단추 Insert Line을 선택하고 도구단추 Line: Perpendicular to tangent를
선택한다. 원의 윗부분을 선택하고 선을 선택한다. 같은 방법으로 원의 아래 부분을
선택하고, 선을 선택한다. OC를 누른다.

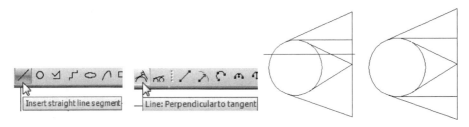

그림 4-68: Perpendicular to tangent

【 예제 15  】

1. 도구단추 ☐ Insert Square를 선택하고, 도구 단추 Cursor position을 선택한
   다. 정사각형을 그리고 OC를 선택한다.

그림 4-69: Insert Square

2. 메뉴에서 Modify ⇨ Transform ⇨ Geometry ↻ 를 선택하고 정사각형을 선택
   한다.

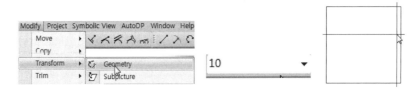

그림 4-70: Transform

3. Rotate delta를 선택한다. 입력 창에 각도 값 45를 넣고 OK를 선택한다. 사각형
   이 회전되며 입력 창에 빈칸으로 OK를 누른다. OC를 두 번 누른다.

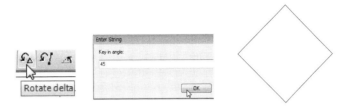

그림 4-71: Rotate delta

4. 도구단추 Insert Line을 선택하고, 도구단추 Two points를 선택한다. 도구단추 Midpoint를 선택하고 정사각형의 중간점을 선택하여 선을 만든다. OC를 선택한다.

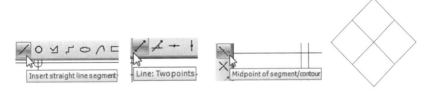

그림 4-72: Insert Line

5. 도구단추 Insert Arc를 선택하고 Arc: Centre and radius를 선택하고 입력 창에 반지름 30 입력한다.

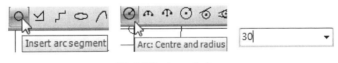

그림 4-73: Insert Arc

6. 도구단추 Intersection을 선택하고 정사각형의 교차점을 선택한다. OC를 누른다.

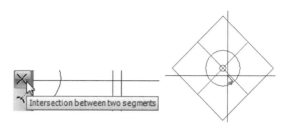

그림 4-74: Intersection

7. 도구단추 Insert Line을 선택하고, 도구단추 Line: Parallel to tangent를 선택합니다. 원의 윗부분을 선택하고 사각형의 선을 선택한다.

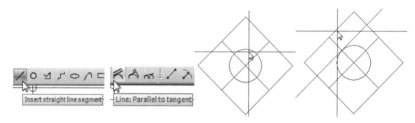

그림 4-75: Parallel to tangent

8. 계속하여 원의 윗부분을 선택하고 사각형의 선을 선택한다.

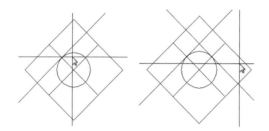

그림 4-76: Parallel to tangent

9. 계속하여 원의 아래 부분을 선택하고 사각형의 선을 선택한다. OC를 누른다.

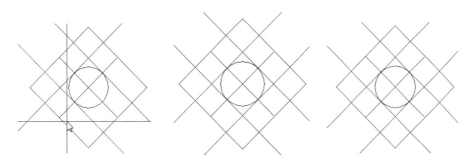

그림 4-77: Parallel to tangent

【 예제 16 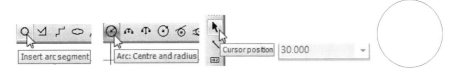 】

1. 도구단추 Insert Arc를 선택하고, 도구 단추 Centre radius를 선택하고 Cursor position을 선택한다.

그림 4-78: Insert Arc

2. 도구단추 Insert Line를 선택하고, 도구단추 Horizontal을 선택한다. 수평선과 수직선은 화면에 나타나는 부분만 된다. 그러므로 확대와 축소를 통하여 수평선과 수직선을 사용하도록 한다. 도구단추 Centre of arc을 선택한다. 원의 원점이 나타나면 마우스를 누른다.

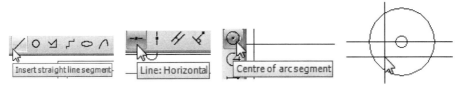

그림 4-79: Horizontal

3. 도구단추 Vertical을 선택한다. 도구단추 Add offset을 선택하고 도구단추 Centre of arc을 선택한다. 원의 중심을 선택한다.

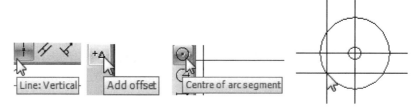

그림 4-80: Vertical

4. 입력란에 200 R을 입력하고 Ok를 선택한다.

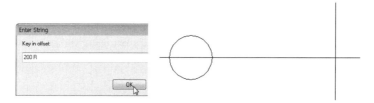

그림 4-81: Radius

5. 도구단추 Insert Arc를 선택하고, 도구 단추 Centre radius를 선택하고 입력창에 50을 입력한다. 도구단추 Intersection을 선택한다.

그림 4-82: Insert Arc

6. 교차점을 선택하여 원을 만든다. OC를 선택한다.

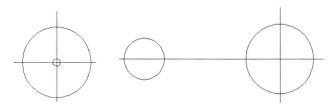

그림 4-83: Intersection

7. 도구단추 Insert ⇨ Line을 선택하고 도구단추 Line: Tangent to two arcs를 선택한다. 작은 원의 윗부분을 선택하고 큰 원의 아래쪽을 선택한다.

그림 4-84: Tangent to two arcs

8. 큰 원의 윗부분을 선택하고 작은 원의 아래 부분을 선택한다. 원의 윗부분들을 선택하여 아래 모양을 만든다. OC를 선택한다.

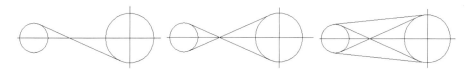

그림 4-85: Tangent to two arcs

【 예제 17 】

1. 다음을 도면에 Drawing한다.

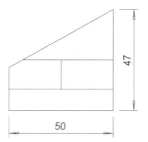

그림 4-86: 도면 예제

【 예제 18 】

1. 다음 도면을 Drawing한다.

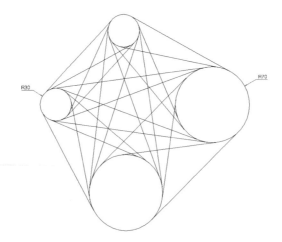

그림 4-87: 도면 예제

【 예제 19 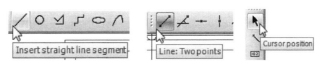 】

1. 도구단추 ╱ Insert Line를 선택하고, 도구단추 ╱ Two Points를 선택한다. 도구 단추 Cursor position을 선택한다.

그림 4-88: Insert Line

2. 마우스로 임의의 점을 선택한다. Offset from current를 선택한다. 100 R을 입력한다. OK를 누르고 빈 칸에 OK를 한 번 더 누른다. OC를 누른다.

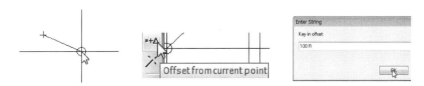
그림 4-89: Offset from current

3. 도구단추 Insert Line을 선택하고 도구단추 Point and angle을 선택한다. Node Point를 선택한다.

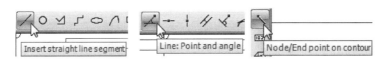
그림 4-90: Point and angle

4. 선의 노드를 선택한다. 입력란에 60을 입력한다. 선을 선택한다.

그림 4-91: Point and angle

5. 선의 노드를 선택한다. 입력란에 60을 입력한다. 선을 선택한다. OC를 선택한다. 필요 없는 부분은 지운다.

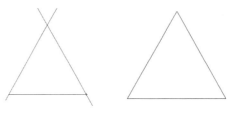

그림 4-92: Trim

【 예제 20 】

1. 다음 도면을 Drawing한다.

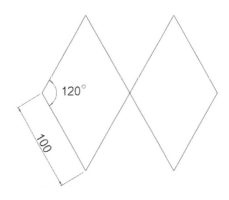

그림 4-93: 도면 예제

【 예제 21 】

1. 다음 도면을 Drawing한다.

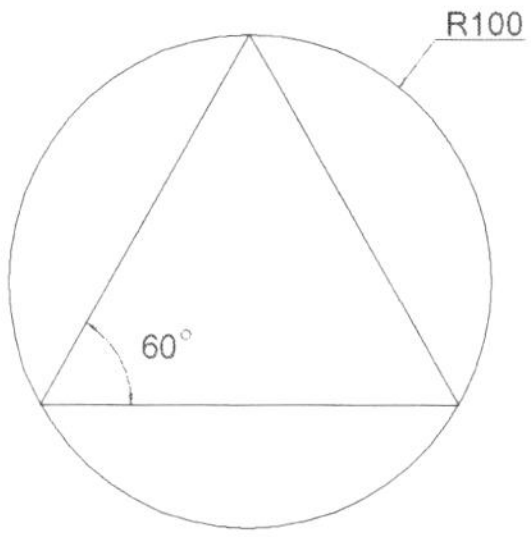

그림 4-94: 도면 예제

【 예제 22 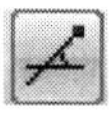 】

1. 도구단추 Insert Arc를 선택하고, 도구 단추 Centre radius를 선택하고 Cursor position을 선택한다.

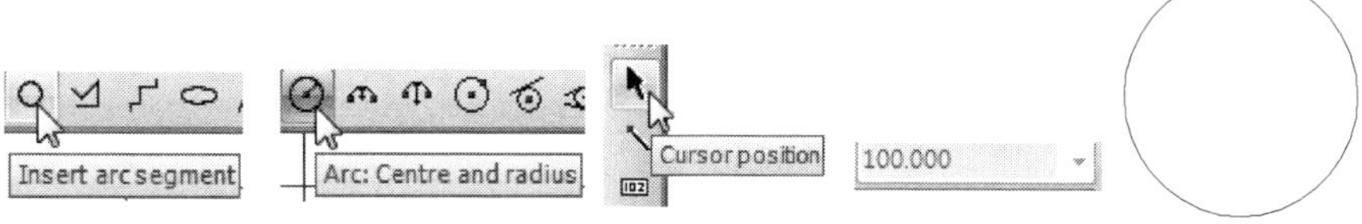

그림 4-95: Insert Arc

2. 도구단추 Insert Line를 선택하고, 도구단추 Horizontal을 선택한다. 도구단추 Centre of arc을 선택한다. 원의 원점이 나타나면 마우스를 누른다.

그림 4-96: Insert Line

3. 도구단추 Vertical을 선택한다. 도구단추 Add offset을 선택하고 도구단추 Centre of arc을 선택한다. 원의 중심을 선택한다. OC를 선택한다.

그림 4-97: Add offset

4. 도구단추 Insert Line을 선택하고 도구단추 Point and angle을 선택한다. 도구단추 Intersection을 선택한다.

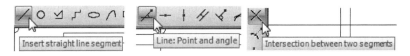

그림 4-98: Point and angle

5. 원의 원점을 선택하고 입력란에 45를 입력한다. 수평선 위를 선택한다.

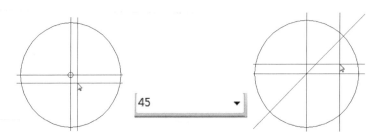

그림 4-99: Point and angle

6. 원의 원점을 선택하고 입력란에 45를 입력한다. 수직선 아래를 선택한다.

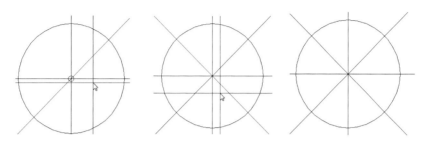

그림 4-100: Point and angle

7. 도구단추 Insert ⇨ Polyline을 선택하고 도구단추 two points를 선택한다. 도구
단추 Intersection을 선택한다.

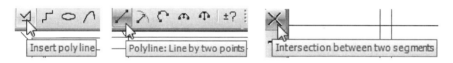

그림 4-101: Polyline

8. 원에서 교차점을 연결하여 사각형을 만든다. OC를 두 번 누른다.

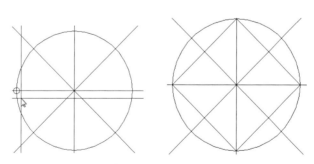

그림 4-102: Polyline

【 예제 23  Gap, Chain】

1. 도구단추 Insert Arc를 선택하고, 도구 단추 Centre radius를 선택하고 Cursor position을 선택한다. 입력창에 100을 입력하고 원을 그린다. OC를 선택한다.

그림 4-103: Insert Arc

2. 도구단추 Insert Line를 선택하고, 도구단추 Vertical을 선택한다. 도구단추 Node point를 선택한다.

그림 4-104: Insert Line

3. 원의 노드를 선택한다. 도구단추 Insert Line을 선택하고 도구단추 Point and angle을 선택한다.

그림 4-105: Point and angle

4. 도구단추 Node point를 선택한다. 원의 노드를 선택한다. 입력란에 72를 입력한 다. 오각형 내각의 합이 540도 이며, 정오각형은 내각은 108이다.

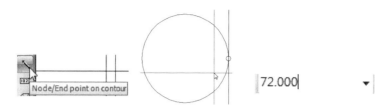

그림 4-106: Point and angle

5. 108도의 선을 그린다. 계속하여 원의 노드를 선택하고 입력란에 72를 입력한다.
   108도의 선을 그린다. 같은 작업을 반복한다.

그림 4-107: Point and angle

6. 도구단추 Node point를 선택한다. 원의 교차점을 선택한다. 입력란에 72를 입력한
   다.

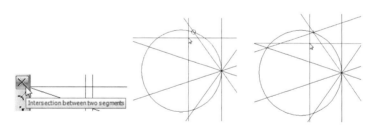

그림 4-108: Point and angle

7. 108도의 선을 그린다. 같은 작업을 반복한다. 다른 교차점에서도 반복한다. OC를
   누른다. 오각형을 만들기 위하여 필요 없는 부분은 지운다.

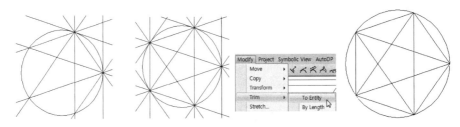

그림 4-109: Trim

8. 정오각형과 별 모양만을 남긴다.

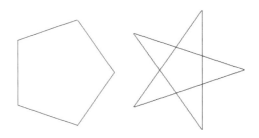

그림 4-110: Trim

9. 별 모양에서 메뉴에서 Modify ⇨ Trim ⇨ Gap을 선택한다. Gap은 사이에 있는 것을 지우며 Option을 사용한다. 선을 선택한다. Options를 선택한다.

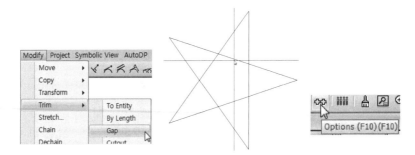

그림 4-111: Gap

10. 도구단추에서 Intersection을 선택한다. 지우고자하는 교차점을 선택한다. Options를 선택한다.

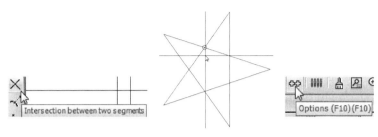

그림 4-112: Gap

11. 도구단추에서 Intersection을 선택한다. 지우고자하는 교차점을 선택한다.

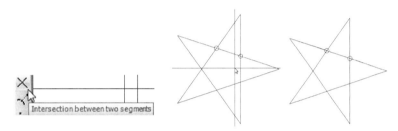

그림 4-113: Gap

12. 여기서도 파란 선은 남고 검정색은 지워진다. 질문 창에 Yes를 선택한다. 같은 방법으로 별을 완성시킨다.

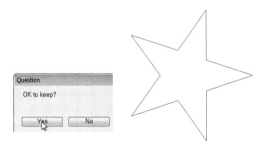

그림 4-114: Gap

13. 메뉴에서 Modify ⇨ Chain을 선택한다. Chain은 Geometry를 Contour로 결합니다. 도형을 선택한다. 질문 창에 Ye를 선택한다.

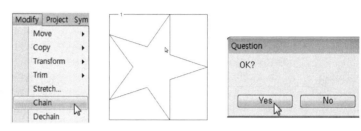

그림 4-115: Chain

14. 도형을 다시 선택한다. OC를 선택한다. 아래에서 동그라미 부분이 한 개가 나와야
완전한 결합이 된다. 동그라미 부분이 하나가 될 때까지 계속 반복한다.

그림 4-116: Chain

15. 질문 창에 Yes를 선택하고 반복한다. 동그라미가 하나가 안 될 경우에는 모서리
부분을 크게 하여 필요 없는 부분을 지우고 다시 결합한다.

그림 4-117: Chain

16. 메뉴에서 Modify ➪ Chain을 선택한다. 다시 Chain한다. 도형을 선택한다. 질
문 창에 Ye를 선택한다.

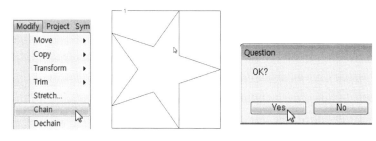

그림 4-118: Chain

17. 도형을 다시 선택한다. 아래와 같이 동그라미 부분이 한 개가 나오면 모두 결합이 된 것이다. 질문 창에 Yes를 선택한다. OC를 선택한다.

그림 4-119: Chain

18. 메뉴에서 Modify ⇨ Transform ⇨ Geometry ⟳ 를 선택한다. 도형을 선택한 다. 도형 전체가 파란색이면 정상적으로 Chain이 된 것이며, 만일 그렇지 않으면 다 시 Chain을 하여야 한다.

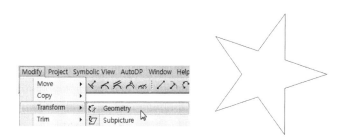

그림 4-120: Transform

19. 도구단추에서 Rotate 90 degrees를 선택한다. OC를 두 번 누른다.

그림 4-121: Rotate 90 degrees

【 예제 24  】

1. 도구단추 Insert Line를 선택하고, 도구단추 Two Points를 선택한다. 도구 단추
 Cursor position을 선택한다.

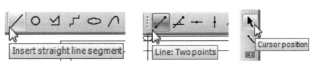

그림 4-122: Insert Line

2. 마우스로 임의의 점을 선택한다. Offset from current를 선택한다. 200 R을 입력
 한다. OK를 누르고 빈 칸에 OK를 한 번 더 누른다. OC를 누른다.

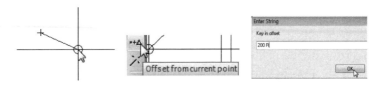

그림 4-123: Offset from current

3. 메뉴에서 Modify ⇨ Copy ⇨ Geometry를 선택한다. 선을 선택한다.

그림 4-124: Copy

4. 복사 할 개수 5를 입력하고 OK를 누른다. 도구단추 Rotate delta를 선택한다. 각
   도 값 72를 입력한다.

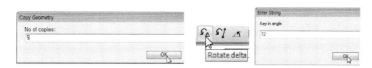

그림 4-125: Rotate delta

5. 입력란을 빈칸으로 OK를 한 번 더 누른다. OC를 두 번 누른다.

그림 4-126: Rotate delta

6. 도구단추 Insert Arc를 선택하고, 도구 단추 Centre radius를 선택하고
   Intersection을 선택한다.

그림 4-127: Insert Arc

7. 입력창에 100을 입력하고 교차점을 선택하여 원을 그린다. OC를 선택한다.

그림 4-128: Insert Arc

8. 도구단추 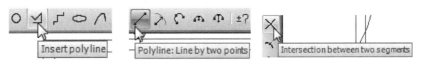 Insert Polyline를 선택하고, 도구단추 Two Points를 선택한다. 도구 단추 Intersection을 선택한다.

그림 4-129: Insert Polyline

9. 선을 선택하여 정오각형을 만든다. OC를 두 번 누른다. 오각형을 만들기 위하여 필요 없는 부분은 지운다. 별 모양만을 남긴다. 별을 완성시킨다.

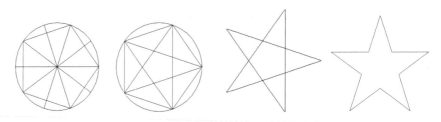

그림 4-130: Insert Polyline

4) Geometry Toolbar Polyline

Geometry 도구 단추이다.

그림 4-131: Geometry Toolbar

: INSERT Polyline, 메뉴에서 Insert ⇨ Polyline과 동일

Polyline을 사용하면 contour로 이루어지며, Insert Line을 사용하면 segment로 된다. Contour는 segment들로 구성되며 segment는 결합(chain)을 통하여 Contour를 만들 수 있으며 반대로는 분해(dechain)를 할 수 있다.

Contour   Segment

그림 4-132: Contour, segment

【 예제 1 ▽ ╱ 】

1. 도구단추 ▽ Insert Polyline를 선택하고, 도구단추 ╱ Two Points를 선택한다. 도구 단추 Cursor position을 선택한다.

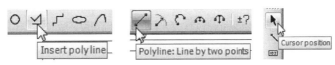

그림 4-133: Insert Polyline

2. 마우스로 임의의 점을 선택한다. 삼각형 모양을 그린다. 도구단추에서 Node point
를 선택한다. 삼각형 모양의 노드를 연결한다. OC를 두 번 선택한다.

그림 4-134: Insert Polyline

【 예제 2  】

1. 도구단추 Insert Polyline를 선택하고, 도구단추 Two Points를 선택한
다. 도구 단추 Cursor position을 선택한다.

그림 4-135: Insert Polyline

2. 마우스로 임의의 점을 선택한다. 오각형 모양을 그린다. 도구단추에서 Node point
를 선택한다. 오각형 모양의 노드를 연결한다. OC를 두 번 선택한다.

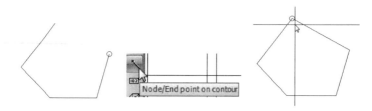

그림 4-136: Insert Polyline

【 예제 3 】

1. 도구단추  Insert Polyline를 선택하고, 도구단추  Two Points를 선택한 다. 도구 단추 Cursor position을 선택한다.

그림 4-137: Insert Polyline

2. 마우스로 임의의 점을 선택한다. Offset from current를 선택한다. 100 R을 입력 한다. R, L, U, D 등을 입력할 수 있다. OK를 누르고 빈 칸에 OK를 한 번 더 누 른다.

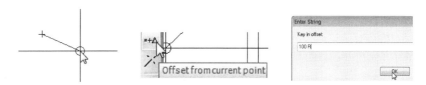
그림 4-138: Offset from current

3. 도구단추 Insert Arc를 선택하고 Arc: Three Point를 선택하고 Node point를 선택한다.

그림 4-139: Three Point

4. 선의 노드를 선택하고 도구단추 cursor position을 선택한다. 선의 중간 부분 위를 선택한다. 노드 포인트를 선택하고 선의 다른 편 노드를 선택한다. OC를 선택한다.

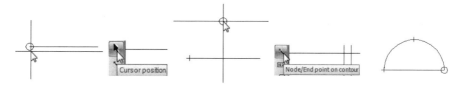

그림 4-140: Three Point

5. 도구단추 Centre of gravity를 선택하고 Arc를 선택하고 OC를 두 번 선택한다.

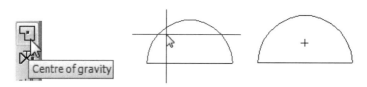

그림 4-141: Centre of gravity

【 예제 4 】

1. 도구단추 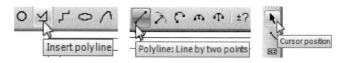 Insert Polyline를 선택하고, 도구단추 Two Points를 선택한 다. 도구 단추 Cursor position을 선택한다.

그림 4-142: Insert Polyline

2. 마우스로 임의의 점을 선택한다. Offset from current를 선택한다. 100 R을 입력 한다. R, L, U, D 등을 입력할 수 있다. OK를 누르고 빈 칸에 OK를 한 번 더 누른다.

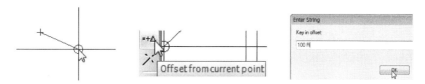

그림 4-143: Offset from current

3. 도구단추 Insert Arc를 선택하고 Arc: Three Point를 선택하고 Node point를 선택한다.

그림 4-144: Three Point

4. 선의 반대편 노드를 선택하고 도구단추 cursor position을 선택한다. 선의 중간 부분 위를 선택한다. 노드 포인트를 선택하고 선의 다른 편 노드를 선택한다. OC를 선택한다.

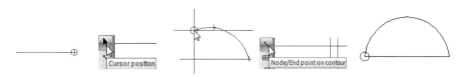

그림 4-145: Three Point

5. 도구단추 Centre of gravity를 선택하고 Arc를 선택하고 OC를 두 번 선택한다.

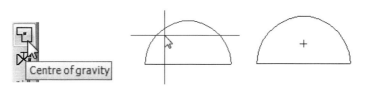

그림 4-146: Centre of gravity

【 예제 5  】

1. 도구단추 ![Insert Polyline] Insert Polyline를 선택하고, 도구단추 ![Two Points] Two Points를 선택한 다. 도구 단추 Cursor position을 선택한다.

그림 4-147: Insert Polyline

2. 마우스로 임의의 점을 선택한다. Offset from current를 선택한다. 100 R을 입력 한다. OK를 누르고 빈 칸에 OK를 한 번 더 누른다.

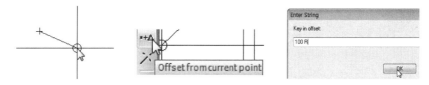

그림 4-148: Offset from current

3. 100 U를 입력하고, 100 L, 100 D를 입력한다.

그림 4-149: Offset from current

4. 빈칸에 OK를 한 번 더 누르고 OC를 누른다.

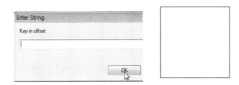

그림 4-150: Offset from current

【 예제 6 ⍁ ↻ 】

1. 도구단추 Insert Polyline을 선택하고 도구단추 Polyline: TwoPoints를 선택한다. 도구단추 Cursor Position을 선택한다. 임의의 점을 선택한다.

그림 4-151: Insert Polyline

2. 왼쪽 아래부터 시작하여 마우스로 클릭하여 아래 그림을 그린다. 도구단추 Polyline: Arc by three points를 선택한다. 도구단추 Cursor Position을 선택한다. 아래 그림의 중간점을 선택한다.

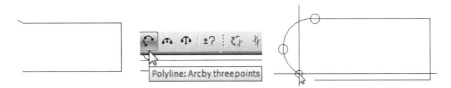

그림 4-152: Arc by three points

3. 도구단추 Node Point를 선택한다. 노드 포인트를 선택한다. OC를 두 번 누른다.

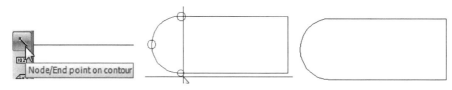

그림 4-153: Arc by three points

【 예제 7 ⚹ ☊ 】

1. 도구단추 Insert Polyline을 선택하고 도구단추 Polyline: TwoPoints를 선택한다. 도구단추 Cursor Position을 선택한다. 임의의 점을 선택한다.

그림 4-154: Insert Polyline

2. 마우스로 임의의 점을 선택한다. 도구단추 Offset from current를 선택한다. 100 D를 입력한다. OK를 누르고 빈 칸에 OK를 한 번 더 누른다.

그림 4-155: Offset from current

3. 도구단추 Polyline: Two points and an amplitude를 선택한다. 입력란에 빈 칸으로 OK를 선택한다. amplitude의 입력 창에 20을 입력한다.

그림 4-156: Two points and an amplitude

4. 도구단추 Offset from current를 선택한다. 100 R을 입력한다. OK를 누르고 빈 칸에 OK를 한 번 더 누른다.

그림 4-157: Offset from current

5. 도구단추 Polyline: TwoPoints를 선택한다. 입력 창에 빈칸으로 OK를 선택한다. 도구단추 Offset Current를 선택한다.

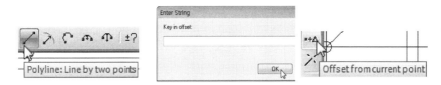

그림 4-158: Offset from current

6. 입력 창에 100 U를 입력하고 OK를 선택한다. 입력 창에 빈 칸으로 OK를 한 번 더 선택한다. 도구단추 Polyline: Two points and an amplitude를 선택한다. 입력 창에 빈 칸으로 OK를 한 번 더 선택한다.

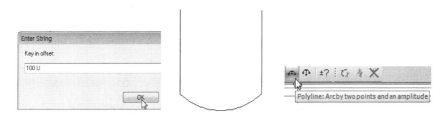

그림 4-159: Two points and an amplitude

7. 입력 창에 빈 칸으로 OK를 한 번 더 선택한다. amplitude의 입력 창에 20을 입력한다. 도구단추 Offset Current를 선택한다.

그림 4-160: Two points and an amplitude

8. 입력 창에 100 L을 입력하고 OK를 선택한다. 입력 창에 빈 칸으로 OK를 한 번 더 선택한다. OC를 두 번 선택한다.

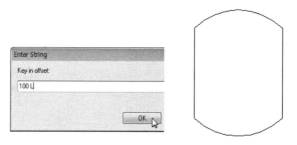

그림 4-161: Two points and an amplitude

【 예제 8  】

1. 도구단추 Insert Arc를 선택하고, 도구 단추 Centre radius를 선택하고 Cursor position을 선택한다.

그림 4-162: Insert Arc

2. 입력창에 180을 입력하고 원을 그린다. 입력란에 150을 입력한다.

그림 4-163: Insert Arc

3. 도구 단추 Centre of Arc을 선택한다. 원의 중심을 선택한다. 도구단추 Insert Polyline를 선택하고, 도구단추 Two Points를 선택한다.

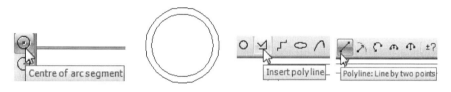

그림 4-164: Insert Arc

4. 도구 단추 Centre of Arc을 선택한다. 도구단추 Add offset를 선택한다. 원의 원점을 선택한다. 입력란에 -200, -200의 좌표 값을 입력하고 OK를 선택한다.

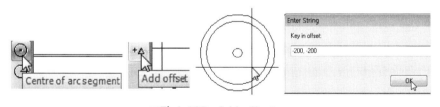

그림 4-165: Add offset

5. 도구단추 Offset from current를 선택한다. 400 R을 입력한다. OK를 누르고 200 U를 입력한다. 빈 칸에 OK를 한 번 더 누른다.

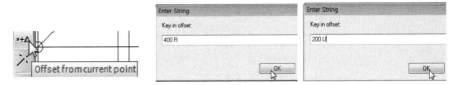

그림 4-166: Offset from current

5. 도구단추 Insert Arc를 선택하고 도구단추 Arc: Two points and a radius를 선택한다. 도구단추 Node Point를 선택한다.

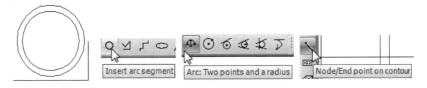

그림 4-167: Insert Arc

6. 노드를 선택한다. 입력란에 반지름 값 200을 입력하고 도구단추 Offset Current 를 선택한다.

그림 4-168: Offset Current

7. 입력란에 400 L을 입력하고 OK를 누르고 빈 칸에 OK를 한 번 더 누른다.

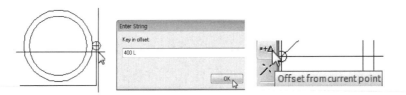

그림 4-169: Offset Current

8. 도구단추 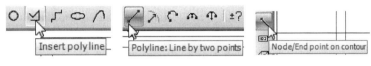 Insert Polyline를 선택하고, 도구단추 Two Points를 선택한
다. 도구단추 Node Point를 선택한다.

그림 4-170: Insert Polyline

9. 노드 포인트를 선택하고 OC를 두 번 선택한다.

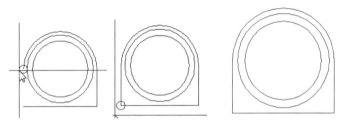

그림 4-171: Insert Polyline

【 예제 9 】

1. 다음 도면을 Drawing한다.

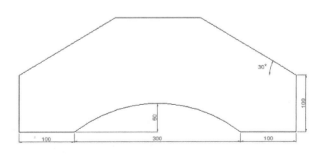

그림 4-172: 도면 예제

5) Geometry Toolbar ARC

Geometry 도구 단추이다.

그림 4-173: Geometry Toolbar

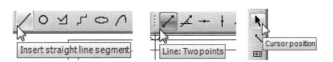 : INSERT ARC

　원의 호나 원을 생성하며 메뉴에서 Insert　⇨　ARC를 선택한다.

【 예제 1 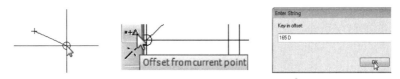 】

1. 도구단추 ╱ Insert Line를 선택하고, 도구단추 ╱ Two Points를 선택한다.
도구 단추 Cursor position을 선택한다.

그림 4-174: Insert Line

2. 마우스로 임의의 점을 선택한다. Offset from current를 선택한다. 165 D를 입력
한다. OK를 누르고　빈 칸에 OK를 한 번 더 누른다.

그림 4-175: Offset from current

3. 도구단추 Insert Line을 선택한다. 도구단추 Parallel to another line을 선택한 다. 입력란에 offset하려는 값인 372를 입력한다.

그림 4-176: Parallel to another line

4. offset 하는 선의 바로 옆을 마우스로 선택한다. OC를 선택한다. 도구단추 Insert Line을 선택한다. 도구단추 Line: Two Points를 선택한다. 도구단추 Node Point 를 선택한다.

그림 4-177: Insert Line

5. 노드 포인트를 선택한다. 도구단추 Parallel to another line을 선택한다. 입력란 에 offset하려는 값인 190을 입력한다. offset 하는 선의 바로 위, 아래를 마우스로 선택한다.

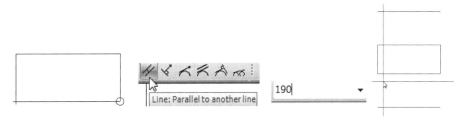

그림 4-178: Parallel to another line

6. 도구단추 Insert Arc를 선택하고 Arc: Three Point를 선택하고 Node point를 선택한다.

그림 4-179: Three Point

7. 도형의 노드 포인트를 선택한다. 도구단추 Midpoint를 선택한다. 선의 중심선을 선택한다. 도구단추 Node Point를 선택한다.

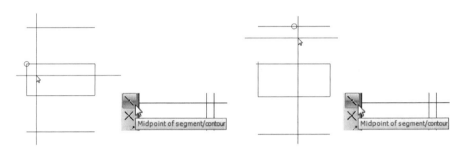

그림 4-180: Three Point

8. 도형의 노드 포인트를 선택하여 호를 그린다. 같은 방법으로 반복하여 아래의 호를 그린다. 필요 없는 부분은 지운다.

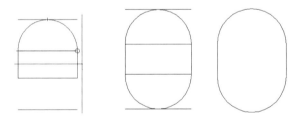

그림 4-181: Three Point

【 예제 2  】

1. 도구단추 ╱ Insert Line를 선택하고, 도구단추 ╱ Two Points를 선택한다.
노구 단추 Cursor position을 선택한다.

그림 4-182: Insert Line

2. 마우스로 임의의 점을 선택한다. 도구단추 Offset from current를 선택한다. 100
R을 입력한다. OK를 누르고 빈 칸에 OK를 한 번 더 누른다.

그림 4-183: Offset from current

3. 도구단추 Insert Arc를 선택하고 Arc: Three Point를 선택하고 Node point를
선택한다.

그림 4-184: Three Point

4. 선의 노드를 선택하고 도구단추 cursor position을 선택한다. 선의 중간 부분 위를
선택한다. 노드 포인트를 선택하고 선의 다른 편 노드를 선택한다. OC를 선택한다.

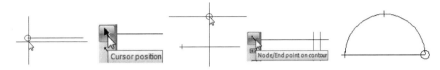

그림 4-185: Three Point

5. 도구단추 Centre of gravity를 선택하고 Arc를 선택하고 OC를 두 번 선택한다.

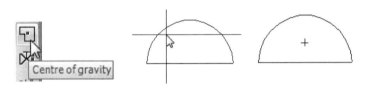

그림 4-186: Centre of gravity

【 예제 3 】

1. 다음 도면을 Drawing한다.

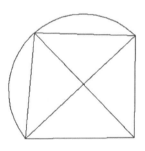

그림 4-187: 도면 예제

【 예제 4 】

1. 도구단추 Insert Arc을 선택한다. Arc: Centre and Radius를 선택한다.
   입력란에 50을 입력한다. OC를 선택한다.

그림 4-188: Insert Arc

2. 도구 단추 Centre of arc를 선택하고 원을 선택한다. 도구 단추 Arc angle을 선택한다. 0도를 나타낸다. 0도는 수평선이며 반시계방향으로 +이다.

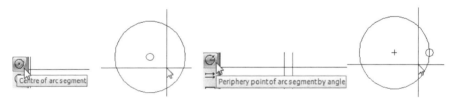

그림 4-189: Arc angle

3. 입력 값에 30을 입력하고 마우스를 클릭한다. 45를 입력하고 마우스를 클릭한다.

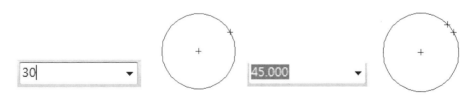

그림 4-190: Arc angle

4. 입력 값에 90을 입력하고 마우스를 클릭한다. 180을 입력하고 마우스를 클릭한다.

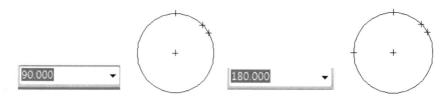

그림 4-191: Arc angle

5. 입력 값에 270을 입력하고 마우스를 클릭한다. OC를 선택한다. 도구 단추 Insert
Line을 선택하고 Two Point를 선택한다.

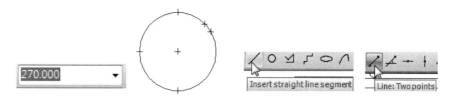

그림 4-192: Insert Line

6. 도구단추 Existing point를 선택하고 점과 점을 선택한다. 같은 방법으로 각도에
대한 점들의 선을 만든다. OC를 선택한다.

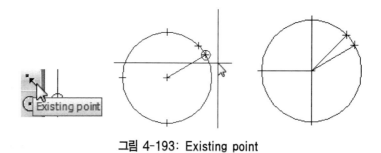

그림 4-193: Existing point

【 예제 5 】

1. 다음 도면을 Drawing한다.

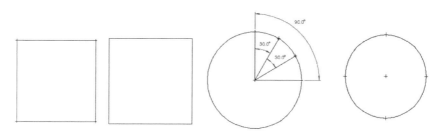

그림 4-194: 도면 예제

【 예제 6 】

1. 다음 도면을 Drawing한다.

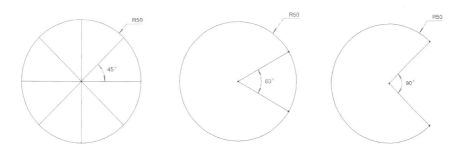

그림 4-195: 도면 예제

【 예제 7 】

1. 다음 도면을 Drawing한다.

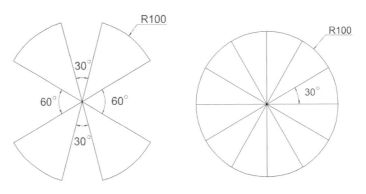

그림 4-196: 도면 예제

【 예제 8 】

1. 다음 도면을 Drawing한다.

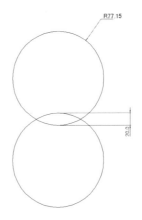

그림 4-197: 도면 예제

【 예제 9  】

1. 도구단추 Insert Arc을 선택한다. Arc: Centre and Radius를 선택한다.
   입력란에 100을 입력한다. 임의의 point를 선택한다. OC를 선택한다.

그림 4-198: Insert Arc

2. 도구 단추 Insert Line을 선택하고 도구단추 Two point를 선택한다. 원이 노드를
   선택하고 반대편 노드를 선택한다. OC를 누른다.

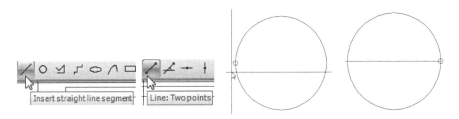

그림 4-199: Insert Line

3. 도구단추 Insert Arc을 선택한다. Arc: Centre and Radius를 선택한다.
   입력란에 80을 입력한다.

그림 4-200: Insert Arc

4. 도구단추 Centre of arc를 선택한다. 원의 중심을 선택한다. 계속하여 입력란에 60을 입력하고 원의 중심을 선택한다. OC를 선택한다.

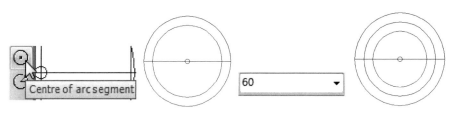

그림 4-201: Insert Arc

5. 메뉴에서 Modify ⇨ Trim ⇨ To Entity를 선택한다. 원의 중심을 지나는 선으로 기준선을 잡고 선을 선택한다. 바깥쪽 원을 선택한다.

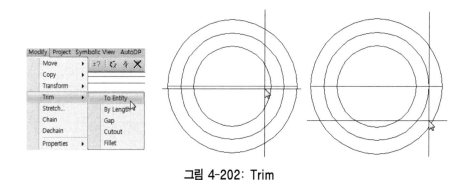

그림 4-202: Trim

6. 파란색은 남고 까만색은 지워진다. Question 창에서 No를 누르면 반대로 된다. Yes를 선택한다.

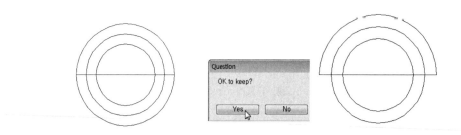

그림 4-203: Trim

7. 계속하여 아래의 원을 선택하고 Question 창에서 Yes를 선택한다. OC를 두 번
   선택한다.

그림 4-204: Trim

【 예제 10  】

1. 도구단추 Insert line 선택하고, 도구단추 Horizontal을 선택한다. 도구 단추
   Cursor position을 선택한다.

그림 4-205: Insert line

2. 도구단추 Vertical을 선택한다. 임의의 선을 그린다. 도구단추 Line: Parallel을
   선택한다. 입력창에 200을 기입한다. 선의 안쪽을 마우스로 다가가면 200만큼 offset
   된 선이 나타나면 마우스를 클릭하여 선을 그린다.

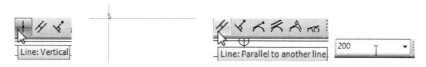

그림 4-206: Parallel

3. OC를 선택한다.

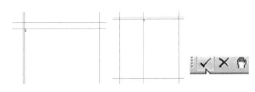

그림 4-207: Parallel

4. 도구단추 Insert Line를 선택하고, 도구단추 Two Points를 선택한다. 도구단추 Intersection을 선택하고 교차점을 선택한다. 마우스로 교차선 근처에 가지고 가면 파란 동그라미 모양이 나오면 클릭한다.

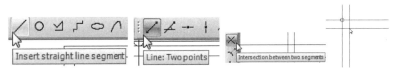

그림 4-208: Insert Line

5. 선을 그리고 OC를 선택한다.

그림 4-209: Intersection

6. 도구단추 Insert Line를 선택하고, 도구단추 Line: Parallel을 선택한다. 입력 창에 50을 입력한다. 선을 선택하여 offset을 한다. OC를 선택한다.

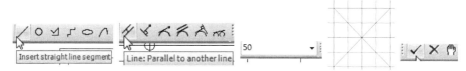

그림 4-210: Insert Line

7. 도구단추 Insert Arc를 선택하고, 도구 단추 Centre radius를 선택한다. 입력창
  에 50을 입력한다. 도구단추 Intersection을 선택한다.

그림 4-211: Insert Arc

8. 교차점을 선택하여 원을 그린다. OC를 선택한다. 도구단추 Delete geometry를
  선택한다. 필요 없는 선을 지운다.

그림 4-212: Delete geometry

9. 메뉴에서 Modify ⇨ Trim ⇨ To Entity를 선택한다. 기준선을 선택하고 지우고
  자 하는 선을 선택한다. OC를 선택한다.

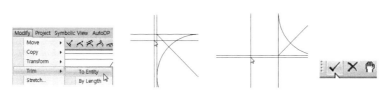

그림 4-213: Trim

10. 같은 방법으로 필요 없는 부분을 지운다. OC를 선택한다.

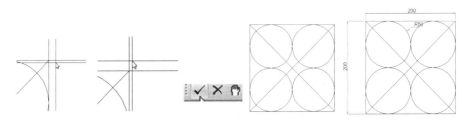

그림 4-214: Trim

【 예제 11 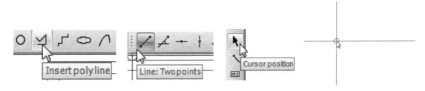 】

1. 도구단추 Insert Polyline를 선택하고, 도구단추 Two Points를 선택한다. 도구
단추 Cursor position을 선택한다. 마우스로 임의의 점을 선택한다.

그림 4-215: Insert Polyline

2. 도구단추 Offset from current를 선택한다. 500 R을 입력한다. 300 D를 입력한
다. 500 L을 입력한다.

그림 4-216: Offset from current

3. 500 U을 입력한다. 빈 칸에 OK를 한 번 더 누른다. OC를 선택한다.

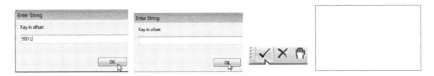

그림 4-217: Offset from current

4. 도구단추 Insert Line를 선택하고, 도구단추 Two Points를 선택한다. 도구단추 Node Point를 선택한다. 선을 그린다. OC를 선택한다.

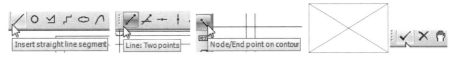

그림 4-218: Insert Line

5. 도구단추 Insert Arc을 선택한다. Arc: Centre and Radius를 선택한다. 입력란에 150을 입력한다. 도구단추 Intersection을 선택한다.

그림 4-219: Insert Arc

6. 교차점을 선택하여 원을 그린다. OC를 선택한다.

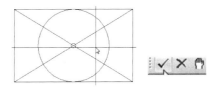

그림 4-220: Insert Arc

7. 도구단추 Insert Polyline를 선택하고, 도구단추 Two Points를 선택한다. 도구단추 Intersection을 선택한다. 선을 그린다. OC를 선택한다.

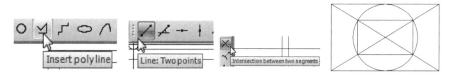

그림 4-221: Insert Polyline

8. 도구단추 Insert Arc를 선택하고, 도구 단추 Arc: Centre and tangent를 선택한다. 도구단추 Intersection을 선택한다. 교차점을 선택하여 원을 그린다. OC를 선택한다.

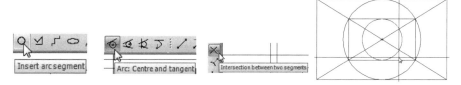

그림 4-222: Centre and tangent

9. 치수를 넣는다.

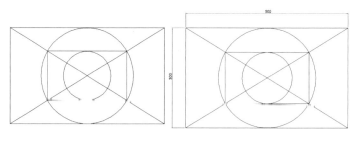

그림 4-223: 도면 예제

【 예제 12 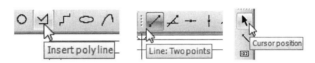 】

1. 도구단추 Insert Polyline를 선택하고, 도구단추 Two Points를 선택한다. 도구 단추 Cursor position을 선택한다.

그림 4-224: Insert Polyline

2. 마우스로 임의의 점을 선택한다. Offset from current를 선택한다. 200 R을 입력한다. OK를 누르고 빈 칸에 OK를 한 번 더 누른다. Polyline에서 ESC를 누르면하나씩 뒤로 가기가 된다.

그림 4-225: Offset from current

3. 도구단추 Node Point를 선택하고, Polyline: arc by two point and an amplitude를 선택한다.

그림 4-226: arc by two point and an amplitude

4. 입력란에 100을 입력하고 도구단추 Node Point를 선택하고, 노드를 선택한다.OC를 한 번 누른다.

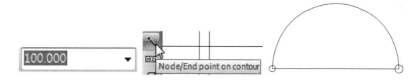

그림 4-227: arc by two point and an amplitude

5. 도구단추 Add offset을 선택하고, Midpoint를 선택한다. 선의 중간 부분을 선택한다.

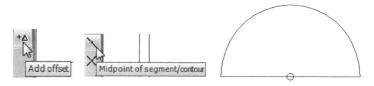

그림 4-228: Add offset

6. 입력란에 80 R을 입력하고 OK를 선택한다. 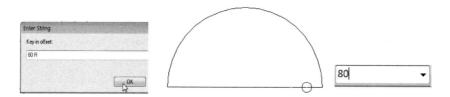 와 가 선택되어 있는지를 확인한다. 입력란에 80을 입력한다.

그림 4-229: Add offset

7. 도구단추 Add offset을 선택하고, Midpoint를 선택한다. 선의 중간 부분을 선택한다.

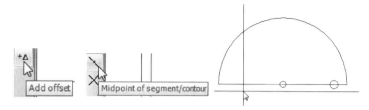

그림 4-230: Add offset

8. 입력란에 80 L을 입력하고 OK를 선택한다. OC를 누른다.

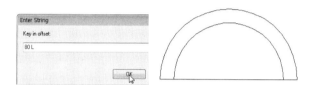

그림 4-231: Add offset

9. 도구단추 Add offset을 선택하고, Midpoint를 선택한다. 선의 중간 부분을 선택한다.

그림 4-232: Add offset

10. 입력란에 60 R을 입력하고 OK를 선택한다. ☑와 ⚙가 선택되어 있는지를 확인한다. 입력란에 60을 입력한다.

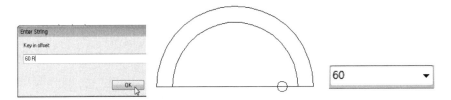

그림 4-233: arc by two point and an amplitude

11. 도구단추 Add offset을 선택하고, Midpoint를 선택한다. 선의 중간 부분을 선택한다. 입력란에 80 L을 입력하고 OK를 선택한다. OC를 두 번 누른다.

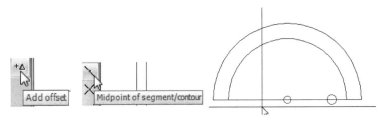

그림 4-234: Add offset

12. 입력란에 80 L을 입력하고 OK를 선택한다. OC를 두 번 누른다.

그림 4-235: Add offset

【 예제 13  】

1. 도구단추 Insert Arc을 선택한다. Arc: Centre and Radius를 선택한다.
   입력란에 50을 입력한다. OC를 선택한다.

그림 4-236: Insert Arc

2. 도구 단추 Centre of arc를 선택하고 원을 선택한다.

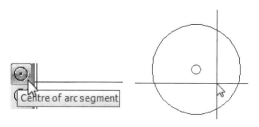

그림 4-237: Insert Arc

3. 도구 단추 Add offset을 선택하고 도구 단추 Node Point를 선택한다. 원의 노드
   를 선택한다.

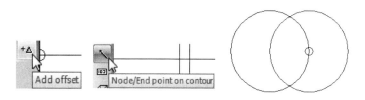

그림 4-238: Add offset

4. 입력란에 50 R을 입력하고 OK를 선택한다. OC를 선택한다.

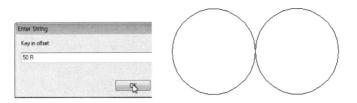

그림 4-239: Add offset

5. 도구단추 Insert Line를 선택하고, 도구단추 Two Points를 선택한다. 도구 단추 Nearest point를 선택한다.

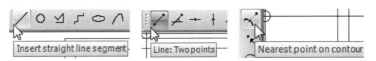

그림 4-240: Insert Line

6. 마우스로 원 위를 올려서 돌려본다. 원을 선택한다. OC를 선택한다.

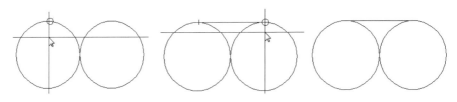

그림 4-241: Nearest point

【 예제 14  】

1. 도구단추 ▢ Insert Square를 선택하고, 도구 단추 Cursor position을 선택한
   다. 정사각형을 그린다.

그림 4-242: Insert Square

2. 도구단추 Insert Arc를 선택하고, 도구 단추 Arc: Two points and an
   Amplitude를 선택하고 도구단추 Node point를 선택한다.

그림 4-243: Two points and an Amplitude

3. 정사각형의 노드를 선택한다. 입력창에 10을 입력한다. 다른 편 노드를 선택한다.

그림 4-244: Two points and an Amplitude

4. 정사각형의 노드를 선택한다. 반대편 노드를 선택한다. 같은 방법으로 아래 도형을
만든다. OC를 선택한다.

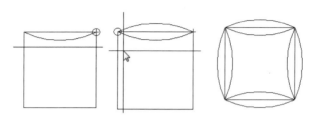

그림 4-245: Two points and an Amplitude

【 예제 15 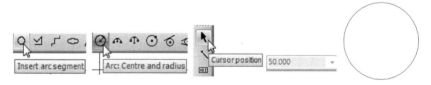 】

1. 도구단추 Insert Arc를 선택하고, 도구 단추 Centre radius를 선택하고 Cursor
position을 선택한다. 입력창에 50을 입력하고 원을 그린다. OC를 선택한다.

그림 4-246: Insert Arc

2. 도구단추 ▢ Insert rectangle를 선택한다. 도구 단추 Cursor position을 선택
하고 아래 그림과 같이 그린다. OC를 누른다.

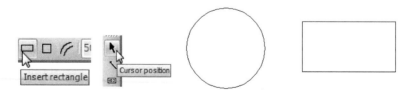

그림 4-247: Insert rectangle

3. 도구단추 Insert Arc를 선택하고, 도구 단추 Arc: Three points를 선택하고 도구
   단추 Node point를 선택한다.

그림 4-248: Three points

5. 사각형의 노드를 선택한다. 원의 노드를 선택한다. 사각형의 노드를 선택한다. OC
   를 선택한다.

그림 4-249: Three points

【 예제 16  】

1. 다음을 도면을 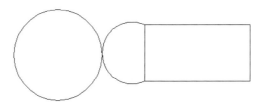을 사용하여 Drawing한다.

그림 4-250: 도면 예제

【 예제 17 】

1. 다음 도면을 Drawing한다.

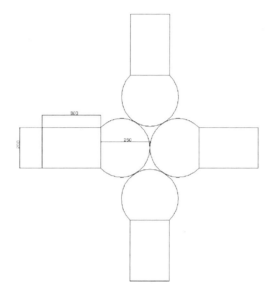

그림 4-251: 도면 예제

【 예제 18  】

1. 도구단추 Insert Arc를 선택하고, 도구 단추 Centre radius를 선택하고 Cursor position을 선택한다. 입력창에 50을 입력하고 원을 그린다. OC를 선택한다.

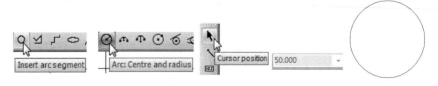

그림 4-252: Insert Arc

2. 도구단추 ☐ Insert rectangle를 선택한다. 도구 단추 Cursor position을 선택하고 아래 그림과 같이 그린다. OC를 누른다.

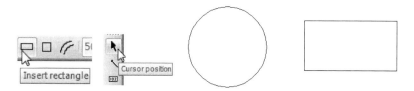

그림 4-253: Insert rectangle

3. 도구단추 Insert Arc를 선택하고, 도구 단추 Arc: Three points를 선택하고 도구 단추 Node point를 선택한다.

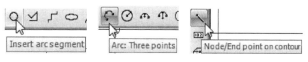

그림 4-254: Three points

4. 사각형의 노드를 선택한다. 도구단추 Arc angle을 선택한다. 입력란에 -30을 입력한다.

그림 4-255: Arc angle

5. 원의 윗부분을 선택하여 -30도 부분이 선택된다. Node Point를 선택하고 사각형 노드를 선택한다. OC를 선택한다.

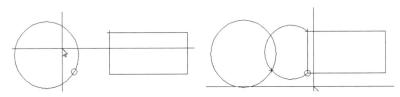

그림 4-256: Three points

6. 메뉴에서 Modify ⇨ Trim ⇨ Gap을 선택한다. 원을 선택한다. Options를 선택 한다. 도구단추에서 Intersection을 선택한다.

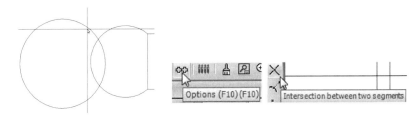

그림 4-257: Gap

7. 지우고자하는 교차점을 선택한다. Options를 선택한다. 도구단추에서 Intersection을 선택한다.

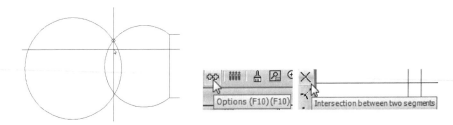

그림 4-258: Gap

8. 지우고자하는 교차점을 선택한다. 파란 선은 남고 검정색은 지워진다. 질문 창에 Yes를 선택한다.

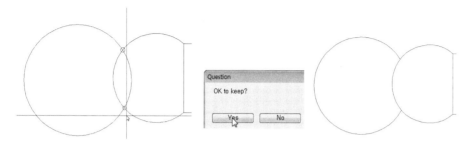

그림 4-259: Gap

9. 같은 방법으로 다른 선도 지운다. OC를 선택한다.

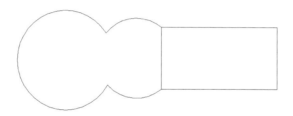

그림 4-260: Gap

【 예제 19 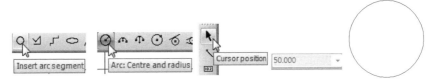 】

1. 도구단추 Insert Arc를 선택하고, 도구 단추 Centre radius를 선택하고 Cursor position을 선택한다. 입력창에 50을 입력하고 원을 그린다. OC를 선택한다.

그림 4-261: Insert Arc

2. 도구단추 Insert point를 선택한다. 도구 단추 Cursor position을 선택하고 아래 그림과 같이 그린다.

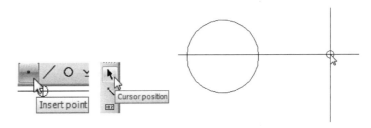

그림 4-262: Insert point

3. 도구단추 Insert Arc를 선택하고, 도구 단추 Insert point를 선택하고 도구단추 Existing point를 선택한다. 도구단추 Nearest point를 선택한다.

그림 4-263: Insert Arc

4. 작은 원에 만나는 곳에서 마우스를 선택한다. OC를 누른다.

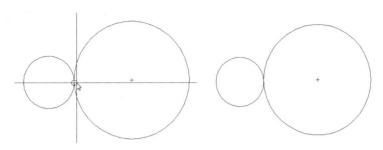

그림 4-264: Nearest point

【 예제 20  】

1. 도구단추 Insert Arc를 선택하고, 도구 단추 Centre radius를 선택하고 Cursor position을 선택한다.

그림 4-265: Insert Arc

2. 입력창에 50을 입력하고 두 개의 원을 그린다. OC를 선택한다.

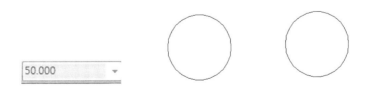

그림 4-266: Insert Arc

3. 도구단추 Two points and an Amplitude를 선택하고 도구단추 Nearest point 를 선택하고 원을 선택한다.

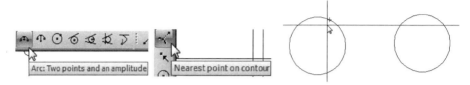

그림 4-267: Two points and an Amplitude

4. 입력 창에 10을 기입합니다. 다른 원을 선택한다.

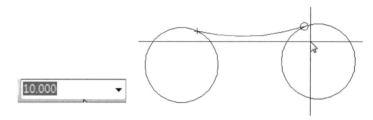

그림 4-268: Two points and an Amplitude

5. 계속하여 오른쪽 원을 선택하고 왼쪽의 원을 선택한다. OC를 선택한다. 메뉴에서 Modify ⇨ Trim ⇨ Gap을 선택하여 아래 도형을 완성한다.

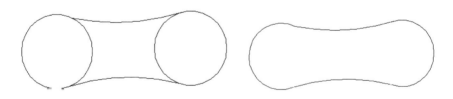

그림 4-269: Gap

【 예제 21 】

1. 다음 도면을 Drawing한다.

그림 4-270: 도면 예제

【 예제 22 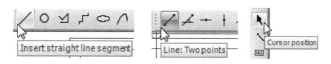 】

1. 도구단추 ／ Insert Line를 선택하고, 도구단추 ／ Two Points를 선택한다.
도구 단추 Cursor position을 선택한다.

그림 4-271: Insert Line

2. 마우스로 임의의 점을 선택한다. Offset from current를 선택한다. 100 R을 입력
한다. OK를 누르고 빈 칸에 OK를 한 번 더 누른다. OC를 선택한다.

그림 4-272: Offset from current

3. Insert point를 선택하고, Cursor position을 선택하고, 선 위에 포인트를 선택한
다.

그림 4-273: Insert point

4. 도구단추 Insert Arc를 선택하고, 도구 단추 Arc: Centre and tangent를 선택
하고 도구단추 Existing point를 선택한다. point를 선택한다.

그림 4-274: Centre and tangent

5. point를 선택한다. 선을 선택한다. OC를 선택한다.

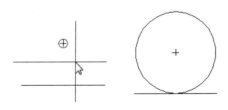

그림 4-275: Centre and tangent

【 예제 23 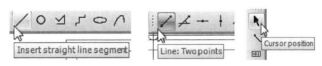 】

1. 도구단추 Insert Line를 선택하고, 도구단추 Two Points를 선택한다.
도구 단추 Cursor position을 선택한다.

그림 4-276: Insert Line

2. 마우스로 임의의 점을 선택한다. 아래의 선을 그린다. 도구단추 Insert Arc를 선택
하고 도구단추 Arc: Two tangents and a radius를 선택한다.

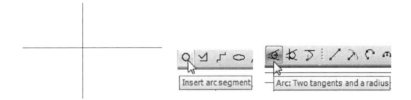
그림 4-277: Two tangents and a radius

3. 마우스로 접선이 되는 선의 안쪽을 선택한다.

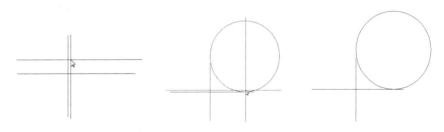
그림 4-278: Two tangents and a radius

4. 같은 방법으로 마우스로 접선이 되는 선의 안쪽을 선택하여 아래 도형을 완성한다.

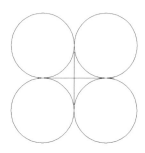

그림 4-279: Two tangents and a radius

【 예제 24 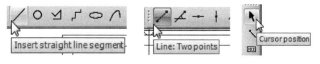 】

1. 도구단추 ╱ Insert Line를 선택하고, 도구단추 ╱ Two Points를 선택한다.
도구 단추 Cursor position을 선택한다.

그림 4-280: Insert Line

2. 마우스로 임의의 점을 선택한다. 아래의 선을 그린다. 도구단추 Insert Arc를 선택하고 도구단추 Arc: Two tangents and a radius를 선택한다.

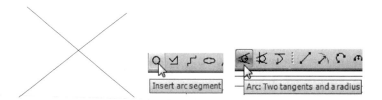

그림 4-281: Two tangents and a radius

3. 마우스로 접선이 되는 선의 안쪽을 선택한다.

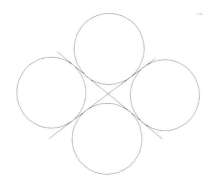

그림 4-282: Two tangents and a radius

【 예제 25 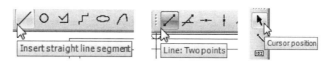 】

1. 도구단추 Insert Line를 선택하고, 도구단추 Two Points를 선택한다. 도구 단추 Cursor position을 선택한다.

그림 4-283: Insert Line

2. 마우스로 임의의 점을 선택한다. 아래의 선을 그린다. 도구단추 Insert Arc를 선택 하고 도구단추 Arc: Three tangents를 선택한다.

그림 4-284: Three tangents

3. 마우스로 접선이 되는 선의 안쪽을 선택한다.

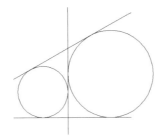

그림 4-285: Three tangents

【 예제 26 】

1. 도구단추 </ref> Insert Line를 선택하고, 도구단추 </ref> Two Points를 선택한다.
도구 단추 Cursor position을 선택한다.

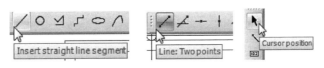

그림 4-286: Insert Line

2. 마우스로 임의의 점을 선택한다. 아래의 선을 그린다. 도구 단추 </ref> Insert
point를 선택한다. 도구 단추 Cursor position을 선택한다. 그림과 같이 포인트를
그린다.

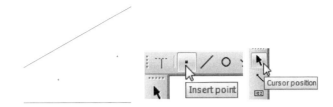

그림 4-287: Insert point

3. Arc를 선택하고 도구단추 Arc: Point, radius and tangent를 선택한다. 입력란
에 반지름 100을 입력한다. 도구단추 Existing point를 선택한다.

그림 4-288: Point, radius and tangent

4. 포인트를 선택한다. 선을 선택한다.

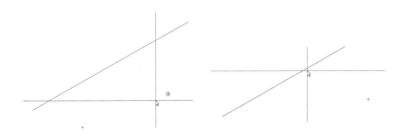

그림 4-289: Point, radius and tangent

5. 반지름이 100인 호가 만들어진다. 포인트를 선택한다.

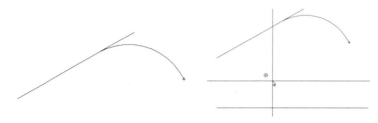

그림 4-290: Point, radius and tangent

6. 선을 선택한다. OC를 선택한다.

그림 4-291: Point, radius and tangent

【 예제 27 】

1. 다음 도면을 Drawing한다.

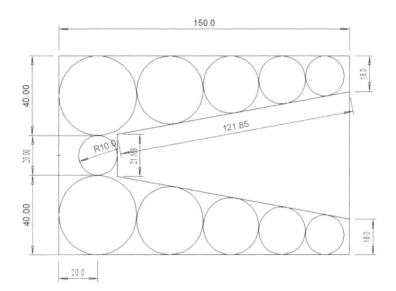

그림 4-292: 도면 예제

【 예제 28 】

1. 다음 도면을 Drawing한다.

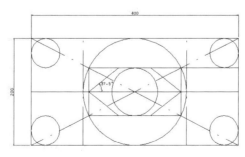

그림 4-293: 도면 예제

【 예제 29 】

1. 다음 도면을 Drawing한다.

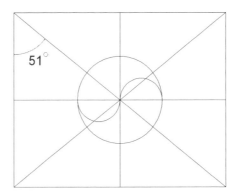

그림 4-294: 도면 예제

【 예제 30 】

1. 다음 도면을 Drawing한다.

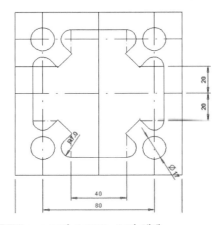

그림 4-295: 도면 예제

【 예제 31 】

1. 다음 도면을 Drawing한다.

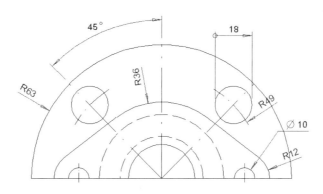

그림 4-296: 도면 예제

【 예제 32 】

1. 다음 도면을 Drawing한다.

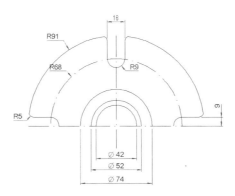

그림 4-297: 도면 예제

【 예제 33 】

1. 다음 도면을 Drawing한다.

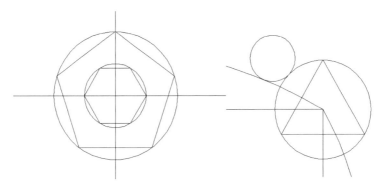

그림 4-298: 도면 예제

【 예제 34 】

1. 다음 도면을 Drawing한다.

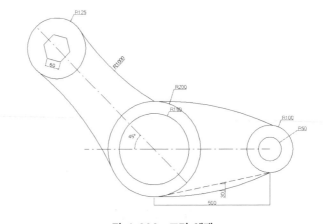

그림 4-299: 도면 예제

【 예제 35 】

1. 다음 도면을 Drawing한다.

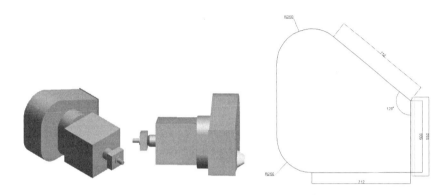

그림 4-300: 도면 예제

1. 도구단추 Insert Arc를 선택하고, 도구 단추 Centre radius를 선택하고 Cursor
position을 선택한다. 입력창에 250을 입력하고 원을 그린다. OC를 선택한다.

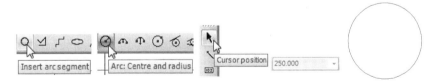

그림 4-301: Insert Arc

2. 도구단추 Insert line 선택하고, 도구단추 Horizontal을 선택한다. 도구 단추
Centre of Arc을 선택한다. 원의 중심을 지나는 수평선을 그린다.

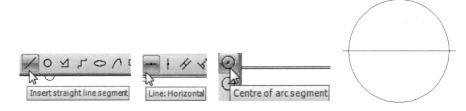

그림 4-302: Insert line

3. 도구단추 Insert line을 선택하고, 도구단추 Vertical을 선택한다. 도구 단추 Centre of Arc을 선택한다. 원의 중심을 지나는 수평선을 그린다.

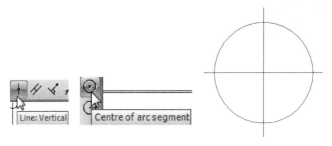

그림 4-303: Insert line

4. 도구단추 Parallel을 선택하고, 입력란에 500을 입력한다. 원의 중심을 지나는 수평선 위를 선택하여 500 만큼 offset한다.

그림 4-304: Parallel

5. 도구단추 Insert Arc를 선택하고, 도구 단추 Centre radius를 선택하고 Intersection을 선택한다.

그림 4-305: Insert Arc

6. 입력창에 250을 입력하고 원을 그린다.

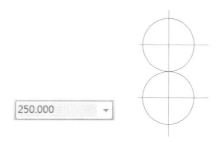

그림 4-306: Insert Arc

7. 도구단추 Insert line을 선택하고, 도구단추 Two Points를 선택한다. 도구 단추 Intersection을 선택한다.

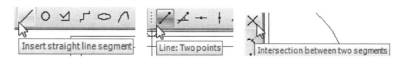

그림 4-307: Insert line

8. 원의 왼편 교차점을 연결한다. 도구단추 Insert line을 선택하고, 도구단추 Two Points를 선택한다.

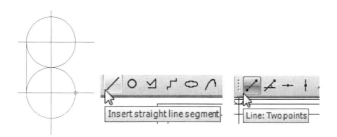

그림 4-308: Insert line

9. 도구 단추 Intersection을 선택한다. 원의 아래의 교차점을 선택한다. 도구단추 current offset을 선택한다.

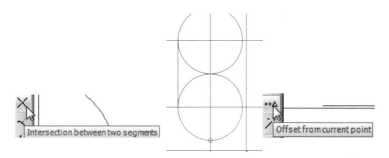

그림 4-309: current offset

10. 입력란에 712 R을 입력하고 OK를 선택한다. 빈 칸으로 OK를 한 번 더 누른다. 같은 방법으로 도구 단추 Node Point를 선택한다.

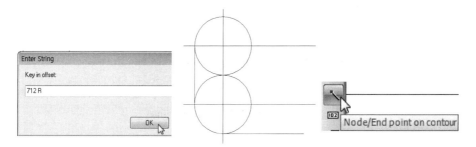

그림 4-310:current offset

11. 오른쪽 노드를 선택하고 도구단추 current offset을 선택한다. 입력란에 500 U 를 입력하고 OK를 선택한다. 빈 칸으로 OK를 한 번 더 누른다.

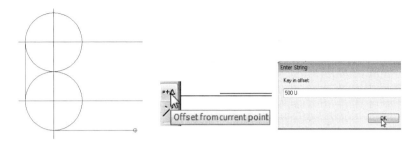

그림 4-311: current offset

12. 도구단추 Tangent point를 선택한다. 원의 윗부분을 선택한다. 도구단추 Node point를 선택한다.

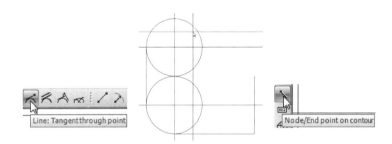

그림 4-312: Tangent point

13. 선의 노드를 연결한다. OC를 누른다. 필요 없는 선을 지운다.

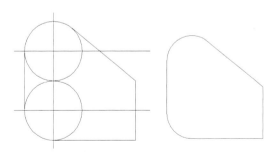

그림 4-313: Trim

1. 도구단추 Insert Polyline을 선택하고 Polyline: TwoPoints를 선택한다. Cursor Position을 선택한다. 임의의 점을 선택한다.

그림 4-314: Insert Polyline

2. Offset Current를 선택하고 입력란에 712 R을 입력하고 OK를 선택한다. 500 U를 입력하고 OK를 선택한다. 빈 칸으로 OK를 누릅니다.

그림 4-315: Offset Current

3. 도구단추 Insert Line을 선택한다. 도구단추 Line: Point and angle를 선택한다.

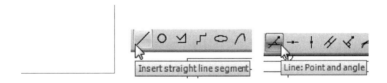

그림 4-316: Point and angle

4. 도구단추 Node Point를 선택한다. 선의 노드 포인트를 선택한다. 각도 129도에 대한 시계반대 방향으로 선이 그어지므로 231(360-129)을 입력합니다. 입력란에 231을 입력한다.

그림 4-317: Point and angle

5. 선의 왼쪽을 클릭한다. 도구단추 Insert Arc를 선택한다. 도구단추 Arc: Centre and radius를 선택한다. 입력란에 반지름 712를 입력한다.

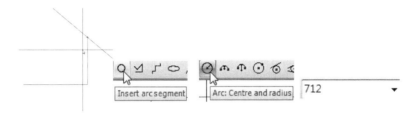

그림 4-318: Insert Arc

6. 도구단추 Intersection을 선택하고 교차점을 선택한다. OC를 선택한다.

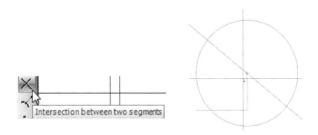

그림 4-319: Insert Arc

7. 메뉴에서 Modify ⇨ Dechain을 선택한다. 선을 선택하여 분해한다. OC를 선택한다. 도구단추 Insert Line을 선택한다.

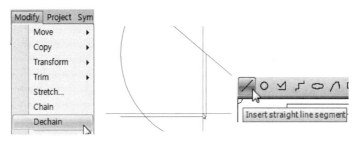

그림 4-320: Dechain

8. 도구단추 Parallel to another line을 선택한다. 입력란에 offset하려는 값인 712
를 입력한다. offset하려는 선의 안쪽을 클릭한다.

그림 4-321: Parallel to another line

9. 입력란에 offset하려는 값인 250을 입력하고 offset하려는 선의 안쪽을 선택한다.

그림 4-322: Parallel to another line

10. 도구단추 Insert Poly Line을 선택한다. 도구단추 Polyline: Two points and
a radius를 선택한다. 도구단추 Midpoint를 선택한다.

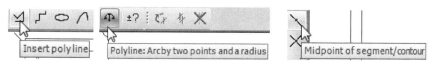
그림 4-323: Insert Poly Line

11. 선의 중간점을 선택한다. 입력란에 반지름 값 250을 입력한다. 도구단추 Node Point를 선택한다.

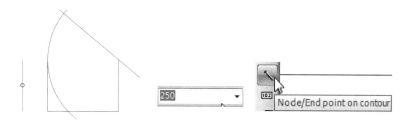
그림 4-324: Two points and a radius

12. 선의 노드를 선택한다. OC를 두 번 선택한다. 도구단추 Delete geometry를 선택한다. 선을 선택하여 지운다.

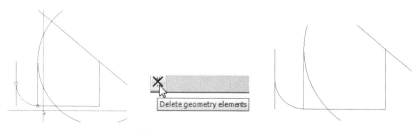
그림 4-325: Delete geometry

13. 도구단추 Insert Line를 선택하고, 도구단추 Two Points를 선택한다. 도구 단추 Node Point를 선택한다.

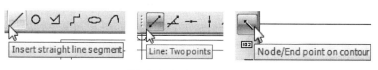
그림 4-326: Insert Line

14. 호의 노드를 선택한다. 도구단추 Offset Current를 선택한다. 입력란에 500 U 를 입력하고 OK를 선택한다. 빈칸으로 OK를 한 번 더 선택한다. OC를 선택한다.

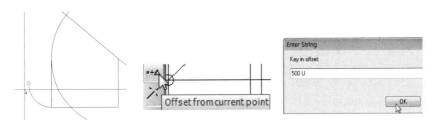

그림 4-327: Offset Current

14. 도구단추 Insert Poly Line을 선택한다. 도구단추 Polyline: Two points and a radius를 선택한다. 도구단추 Intersection을 선택한다.

그림 4-328: Two points and a radius

15. 선과 원이 만나는 점을 선택한다. 입력란에 반지름 값 250을 입력한다. 도구단추 Node Point를 선택한다.

그림 4-329: Two points and a radius

16. 노드를 선택한다. OC를 두 번 선택한다. 필요 없는 선을 지운다.

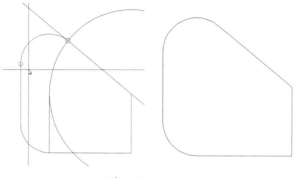

그림 4-330: Trim

【 예제 36 】

1. 다음 도면을 Drawing한다.

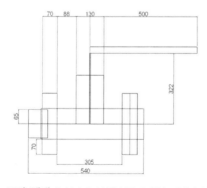

그림 4-331: 도면 예제 BALL1 VALVE BALL BS4460 #3000

【 예제 37 】

1. 다음 도면을 Drawing한다.

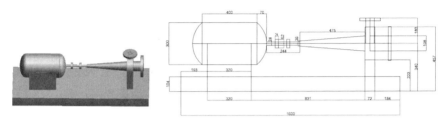

그림 4-332: 도면 예제 Centrifugal Pump

【 예제 38 】

1. 다음 도면을 Drawing한다.

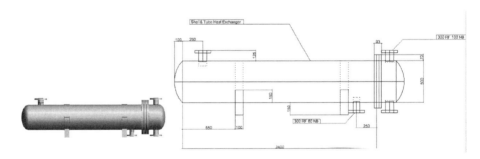

그림 4-333: 도면 예제 Shell & Tube Heat Exchanger

【 예제 39 】

1. 다음 도면을 Drawing한다.

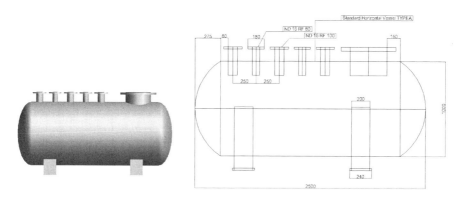

그림 4-334: 도면 예제 Standard Horizontal Vessel

【 예제 40 】

1. 다음 도면을 Drawing한다.

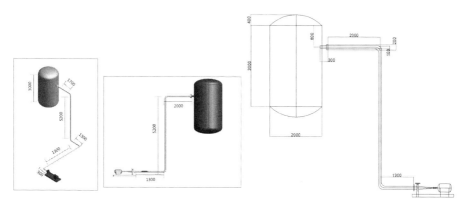

그림 4-335: 도면 예제 배관 기본도

6) Geometry Toolbar Staircase

Geometry 도구 단추이다.

그림 4-336: Geometry Toolbar

 : Staircase

【 예제 1  】

1. 도구단추 Insert Line를 선택하고, 도구단추 Insert staircase를 선택한다. 도구
단추 Cursor position을 선택한다.

Insert straight line segment

Insert staircase contour

Cursor position

그림 4-337: Insert Line

2. 마우스로 임의의 점을 선택한다. 계단 모양으로 마우스를 클릭한다. OC를 두 번 누
른다.

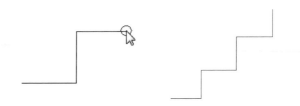

그림 4-338: Insert staircase

7) Geometry Toolbar Spline

Geometry 도구 단추이다.

그림 4-339: Geometry Toolbar

 : INSERT SPLINE, 메뉴에서 Insert ➡ SPLINE과 동일

【 예제 1  】

1. 도구단추 Insert spline을 선택한다. spline은 주어진 점들을 통과하는 부드러운 곡선을 그린다. 도구 단추 Cursor position을 선택한다. Multiple choice에서 Create를 선택한다. Multiple choice에서 None을 선택한다.

그림 4-340: Insert spline

2. 마우스로 임의의 점을 선택한다. OC를 선택한다.

그림 4-341: Insert spline

3. 질문 창에 Yes를 선택한다. Multiple choice에서 Quit를 선택한다.

그림 4-342: Insert spline

8) Geometry Toolbar Rectangle

Geometry 도구 단추이다.

그림 4-343: Geometry Toolbar

□ : INSERT RECTANGLE, 메뉴에서 Insert ➪ RECTANGLE과 동일

【 예제 1 □ 🔲 】

1. 도구단추 □ Insert rectangle을 선택하고, 도구 단추 🔲 을 선택한다. 원점좌표
(0,0)는 왼쪽 모서리이다.

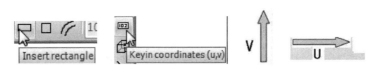

그림 4-344: Insert rectangle

2. 입력란에 좌표 50,50을 입력하고 OK를 선택한다. 입력란에 좌표 150,200을 입력한다. OK를 선택한다.

그림 4-345: Key in

3. 입력란에 빈칸으로 OK를 누른다. OC를 누른다.

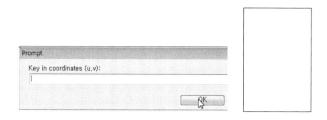

그림 4-346: Key in

【 예제 2  】

1. 도구단추 ▭ Insert rectangle을 선택하고, 도구 단추 Cursor position을 선택한다. 마우스로 드래그 하여 사각형을 만들고 마우스를 클릭하지 않는다. 도구단추 Options(F10)를 선택한다.

그림 4-347: Insert rectangle

2. 입력란에 모깎기(fillet)의 반지름 값 30을 기입한다. 마우스로 드래그 하여 사각형
을 그린다. OC를 선택한다.

그림 4-348: fillet

9) Geometry Toolbar Square

Geometry 도구 단추이다.

그림 4-349: Geometry Toolbar

□ : INSERT SQUARE, 메뉴에서 Insert ⇨ SQUARE과 동일

【 예제 1 □ 🔲 】

1. 도구단추 □ Insert Square를 선택하고, 도구 단추 🔲 을 선택한다.

그림 4-350: Insert Square

2. 입력란에 좌표 50,50을 입력하고 OK를 선택한다. 입력란에 좌표 300,300을 입력한다. OK를 선택한다.

그림 4-351: Key in

3. 입력란에 빈칸으로 OK를 누른다. OC를 누른다.

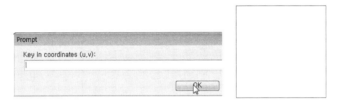

그림 4-352: Key in

10) Geometry Toolbar Parallel Curve

Geometry 도구 단추이다.

그림 4-353: Geometry Toolbar

 : INSERT PARALLEL CURVE

메뉴에서 Insert ⇨ PARALLEL CURVE와 동일

【 예제 1  】

1. 도구단추 ☐ Insert Square를 선택하고, 도구 단추 Cursor position을 선택한 다. 정사각형을 그리고 OC를 선택한다.

그림 4-354: Insert Square

2. Insert PARALLEL CURVE를 선택하고 입력창에 10을 입력하고 정사각형 바깥의 선을 선택하여 offset한다.

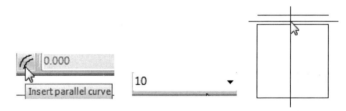

그림 4-355: Insert PARALLEL CURVE

3. 같은 방법으로 정사각형 바깥의 선을 선택하여 offset 선을 만든다. 사각형을 offset 하면, 자동으로 filet 된다. 징사긱형의 안쪽의 선을 선택하여 마우스를 누른다. OC를 누른다.

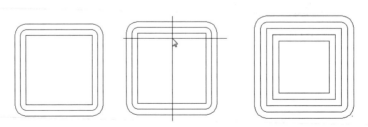

그림 4-356: Insert PARALLEL CURVE

【 예제 2  】

1. 도구단추 Insert Arc를 선택하고, 도구 단추 Centre radius를 선택하고 Cursor position을 선택한다.

그림 4-357: Insert Arc

2. 입력창에 100을 입력하고 원을 그린다. OC를 선택한다.

그림 4-358: Insert Arc

3. 도구단추 Insert PARALLEL CURVE를 선택하고 입력창에 20을 입력하고 원의 안쪽을 선택하여 offset한다. 같은 방법으로 원의 안쪽을 선택하여 offset 선을 만든다. OC를 누른다.

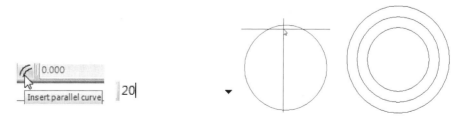

그림 4-359: Insert PARALLEL CURVE

11) Geometry Toolbar Conic

Geometry 도구 단추이다.

그림 4-360: Geometry Toolbar

○ : INSERT CONIC

Conic Segments들과 Ellipses들을 생성하며

메뉴에서 Insert ⇨ CONIC과 동일

【 예제 1  】

1. 도구단추 Insert conic을 선택한다. 도구단추 Conic: Circumscribed rectangle
을 선택한다. 도구 단추 Cursor position을 선택한다. 사각형을 드래그 한다.

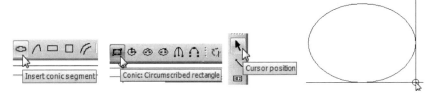

그림 4-361: Circumscribed rectangle

2. 도구단추 Conic: Major and minor Axis를 선택한다. 타원의 중심점과 u축의 점
을 직각이 되는 v축의 점을 선택한다. OC를 선택한다.

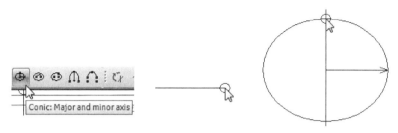

그림 4-362: Major and minor Axis

【 예제 2  】

1. 도구 단추 Insert POINT를 선택한다. 도구 단추 Cursor position을 선택한다.
아래 점을 그린다.

그림 4-363: Insert POINT

2. 도구단추 Insert conic을 선택한다. 도구단추 Conic: Circumscribed rectangle
을 선택한다. 도구단추 existing point를 선택한다. 점을 선택한다. 두 점의 사각형안
의 타원이 그려진다.

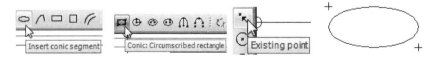

그림 4-364: Circumscribed rectangle

3. 도구 단추 Insert POINT를 선택한다. 도구 단추 Cursor position을 선택한다.
수평의 점과 수직의 임의의 점을 그린다.

그림 4-365: Circumscribed rectangle

4. 도구단추 Conic: Major and minor Axis를 선택한다. 도구단추 existing point 를 선택한다. 점을 클릭합니다. 두 점(장축의 반지름)과 직각이 되는 점이 되는 3점을 지나는 타원이 그려진다.

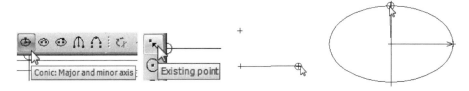

그림 4-366: Major and minor Axis

5. 도구 단추 Insert POINT를 선택한다. 도구 단추 Cursor position을 선택한다. 아래와 두 점이 직각이 되는 점을 그린다.

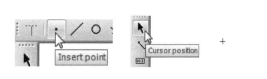

그림 4-367: Insert POINT

6. 도구단추 Insert conic을 선택한다. 도구단추 Conic: Major and minor Axis를 선택한다. 도구단추 existing point를 선택한다. 점을 클릭한다.

그림 4-368: Major and minor Axis

7. 점을 클릭한다. 두 점(장축의 반지름)과 직각이 되는 점이 되는 3점을 지나는 타원
   이 그려진다.

그림 4-369: Major and minor Axis

【 예제 3  】

1. 도구 단추 Insert POINT를 선택한다. 도구 단추 Cursor position을 선택한다.
   임의의 점을 그린다.

그림 4-370: Insert POINT

2. 도구단추 Insert conic을 선택한다. 도구단추 Conic: Focal point and major axis를 선택한다. 도구단추 existing point를 선택한다.

그림 4-371: Focal point and major axis

3. 점을 선택한다. 입력 창에 타원의 장축 길이 100을 입력합니다. 도구단추 Cursor Position을 선택한다. 장축 길이가 100인 임의의 점을 선택한다. 장축 길이가 100인 타원이 그려진다.

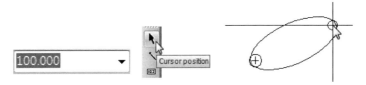

그림 4-372: Focal point and major axis

4. 도구 단추 Insert POINT를 선택한다. 도구 단추 Cursor position을 선택한다. 임의의 점을 그린다.

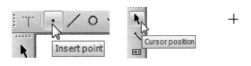

그림 4-373: Insert POINT

5. 도구단추 Conic: Focal point and major axis를 선택한다. 도구단추 existing
   point를 선택한다.

그림 4-374: Focal point and major axis

6. 점을 선택한다. 입력 창에 타원의 장축 길이 100을 입력합니다. 도구단추 Cursor
   Position을 선택한다. OC를 선택한다. 장축 길이가 100인 임의의 점을 선택한다. 장
   축 길이가 100인 타원이 그려진다.

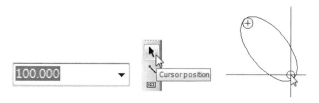

그림 4-375: Focal point and major axis

【 예제 4  】

1. 도구 단추 Insert POINT를 선택한다. 도구 단추 Cursor position을 선택한다.
   아래의 점을 그린다.

그림 4-376: Insert POINT

2. 도구단추 Insert conic을 선택한다. 도구단추 Conic: Focal point and point를 선택한다. 도구단추 existing point를 선택한다.

그림 4-377: Focal point and point

3. 두 점을 선택한다. 도구단추 Cursor Position을 선택한다. 임의의 점을 선택한다. 두 점을 기준으로 하는 한 점을 지나는 타원이 그려진다.

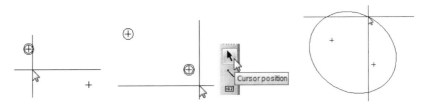

그림 4-378: Focal point and point

【 예제 5  】

1. 도구 단추 Insert POINT를 선택한다. 도구 단추 Cursor position을 선택한다. 아래의 점을 그린다.

그림 4-379: Insert POINT

2. 도구단추 Insert conic을 선택한다. 도구단추 Conic: Segment data를 선택한다. 도구단추 existing point를 선택한다.

그림 4-380: Segment data

3. 두 점을 선택한다. 도구단추 Cursor Position을 선택한다.

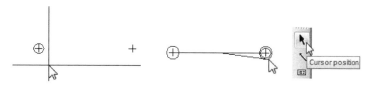

그림 4-381: Segment data

4. 두 점의 수직이 되는 임의의 점을 선택한다. 입력란에 factor 값 0을 입력한다. factor 값은 0과 1 사이의 값을 입력하며 호의 형태(smooth)를 나타낸다. 두 점을 기준으로 하는 한 점을 지나는 호가 그려진다.

그림 4-382: Segment data

5. 도구 단추 Insert POINT를 선택한다. 도구 단추 Cursor position을 선택한다. 아래의 점을 그린다.

그림 4-383: Insert POINT

6. 도구단추 Insert conic을 선택한다. 도구단추 Conic: Segment data를 선택한다. 도구단추 existing point를 선택한다.

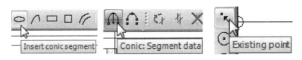

그림 4-384: Segment data

7. 두 점을 선택한다. 도구단추 Cursor Position을 선택한다.

그림 4-385: Segment data

8. 두 점의 수직이 되는 임의의 점을 선택한다. 입력란에 factor 값 0.9를 입력한다. OC를 선택한다. 두 점을 기준으로 하는 한 점을 지나는 호가 그려신나.

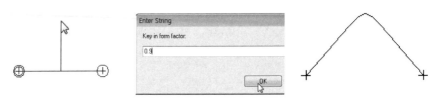

그림 4-386: Segment data

【 예제 6  】

1. 도구 단추 Insert POINT를 선택한다. 도구 단추 Cursor position을 선택한다. 아래의 점을 그린다. Point 간격이 너무 떨어지면 Tolerance 값을 벗어나서 되지 않는다.

그림 4-387: Insert POINT

2. 도구단추 Insert conic을 선택한다. 도구단추 Conic: End points, slope and point를 선택한다. 도구단추 existing point를 선택한다.

그림 4-388: End points, slope and point

3. 네 점을 선택한다.

그림 4-389: End points, slope and point

4. 도구단추 Cursor Position을 선택한다. 임의의 점을 선택한다. 한 점을 지나는 호
가 그려진다.

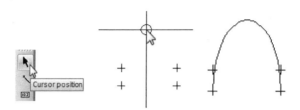

그림 4-390: End points, slope and point

12) Transform Toolbar

Transform 도구 단추이며, 메뉴 Modify ⇨ Transform ⇨ GEOMETRY 🖱 를
선택한다.

그림 4-391: Transform Toolbar

【 예제 1 ▣ ⚠ 】

1. 도구단추 ▭ Insert rectangle을 선택한다. 도구 단추 Cursor position을 선택
한다. 마우스로 드래그 하여 사각형을 그린다. OC를 선택한다.

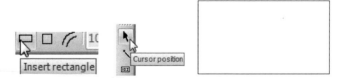

그림 4-392: Insert rectangle

2. 메뉴에서 Modify ⇨ transform ⇨ Geometry 🔄 를 선택한다. 사각형을 선택한다. 도구단추 scale을 선택한다. 입력 창에 축척 값 1:2 또는 2를 입력하고 OK를 선택한다. 입력란에 빈 칸으로 OK를 선택한다.

그림 4-393: scale

3. 도구 단추 move delta를 선택한다. 입력 창에 100 U를 입력한다. 좌표 값을 입력하여도 된다. OK를 선택하고 입력란에 빈 칸으로 OK를 한 번 더 선택한다. OC를 두 번 선택한다.

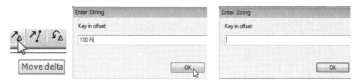

그림 4-394: move delta

【 예제 2 　🧍 】

1. 도구단추 ▭ Insert rectangle을 선택한다. 도구 단추 Cursor position을 선택한다. 마우스로 드래그 하여 사각형을 그린다. OC를 선택한다.

그림 4-395: Insert rectangle

2. 메뉴에서 Modify ⇨ transform ⇨ Geometry 🔄 를 선택한다. 작은 사각형을 선택한다. 도구단추 Move two positions를 선택한다. 도구단추 node point를 선택한다.

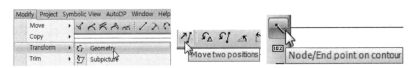

그림 4-396: Move two positions

3. 노드를 선택한다. OC를 선택한다.

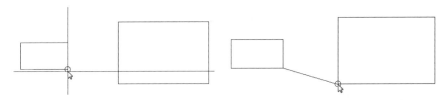

그림 4-397: Move two positions

4. 도구단추 Move two positions를 선택한다. 도구단추 node point를 선택한다.

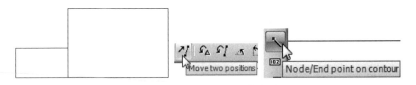

그림 4-398: Move two positions

5. 노드를 선택한다. OC를 3번 선택한다.

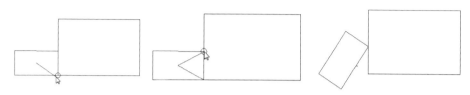

그림 4-399: Move two positions

【 예제 3  】

1. 도구단추 ▭ Insert rectangle을 선택한다. 도구 단추 Cursor position을 선택한다. 마우스로 드래그 하여 사각형을 그린다. OC를 선택한다.

그림 4-400: Insert rectangle

2. 메뉴에서 Modify ⇨ transform ⇨ Geometry ↻ 를 선택한다. 사각형을 선택한다. 도구단추 Rotate 45 degrees를 선택한다. OC를 두 번 선택한다.

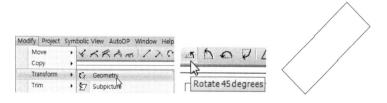

그림 4-401: transform

3. 도구단추 Insert line을 선택한다. 도구단추 Line: Parallel to another line을
선택한다. 입력 창에 40을 입력한다. 선의 바깥을 선택한다.

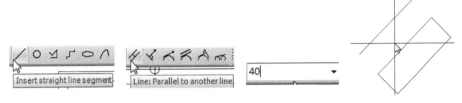

그림 4-402: Insert line

4. 메뉴에서 Modify ⇨ transform ⇨ Geometry 를 선택한다. 사각형을 선택한
다. 도구단추 parallel을 선택한다. 이동하려는 segment를 선택한다.

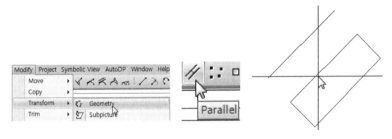

그림 4-403: transform

5. 평행되는 기준선을 선택한다. 입력 창에 거리 값 100을 입력한다. 만일 0을 입력하
면 평행하는 신에 접히게 된다. OK를 선택한다. OC를 3번 선택한다.

그림 4-404: transform

【 예제 3 ▨ ▨ ▨ ▨ ▨ 】

1. 도구단추 Insert Polyline을 선택하고 Polyline: TwoPoints를 선택한다. Cursor Position을 선택한다. 임의의 점을 선택한다. 삼각형을 그린다. OC를 선택한다.

그림 4-405: Insert Polyline

2. 메뉴에서 Modify ⇨ transform ⇨ Geometry ▨ 를 선택한다. 삼각형을 선택한다. 도구단추 Rotate delta를 선택한다. 입력 창에 회전각도 값인 90을 입력하고 OK를 선택한다. 입력 창에 빈 칸으로 OK를 선택한다.

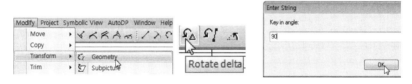

그림 4-406: transform

3. 도구단추 Rotate 180 degrees를 선택한다.

그림 4-407: Rotate 180 degrees

4. 도구단추 Rotate -90 degrees를 선택한다. 도구단추 Rotate 90 degrees를 선택한다.

그림 4-408: Rotate -90 degrees

5. 도구단추 Rotate 45 degrees를 클릭하고 OC를 두 번 선택한다.

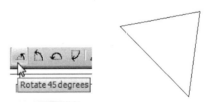

그림 4-409: Rotate 45 degrees

【 예제 4 】

1. 도구단추 Insert Polyline을 선택하고 Polyline: TwoPoints를 선택한다. Cursor Position을 선택한다. 임의의 점을 선택한다. 아래를 그린다. OC를 선택한다.

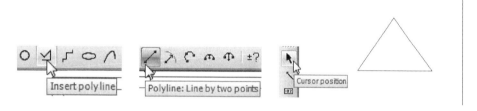

그림 4-410: Insert Polyline

2. 메뉴에서 Modify ⇨ transform ⇨ Geometry 를 선택한다. 삼각형을 선택한다. 도구단추 Rotate two positions를 선택한다. 도구단추 node point를 선택한다.

그림 4-411: transform

3. 노드를 선택한다. OC를 선택한다.

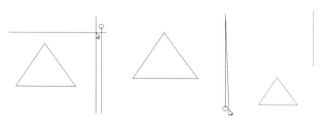

그림 4-412: transform

4. 도구단추 Rotate two positions를 선택한다. 도구단추 node point를 선택한다. 노드를 선택한다.

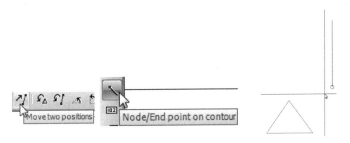

그림 4-413: Rotate two positions

5. 노드를 선택한다. OC를 3번 선택한다. 도구단추 mirror vertical을 선택한다.

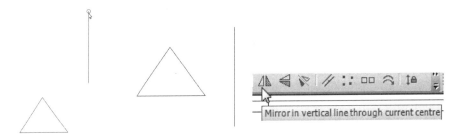

그림 4-414: mirror vertical

【 예제 5 ▵ ◁ ▸ 】

1. 도구단추 Insert Polyline을 선택하고 Polyline: TwoPoints를 선택한다. Cursor Position을 선택한다. 임의의 점을 선택한다 아래를 그린다. OC를 선택한다.

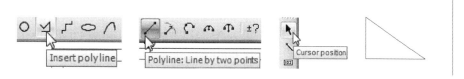

그림 4-415: Insert Polyline

2. 메뉴에서 Modify ⇨ transform ⇨ Geometry를 선택한다. 삼각형을 선택한다. 도구단추 mirror vertical을 선택한다.

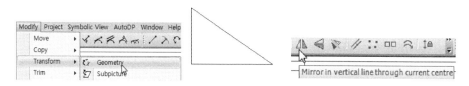

그림 4-416: transform

3. Y축으로 대칭한다. 도구단추 Refresh를 선택한다. Refresh는 화면을 다시 업데이트한다. 도구단추 mirror vertical을 선택한다.

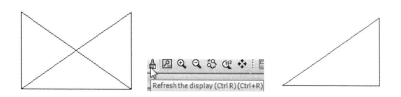

그림 4-417: mirror vertical 메뉴 선택

4. 도구단추 mirror horizontal을 선택한다. X축으로 대칭한다.

그림 4-418: mirror horizontal

5. 도구단추 mirror any line을 선택한다. 대칭하려는 선을 선택한다. 선을 기준으로 대칭된다. OC를 두 번 선택한다.

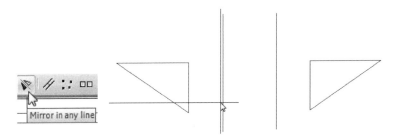

그림 4-419: mirror any line

【 예제 6 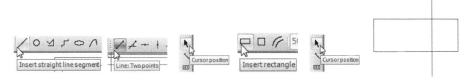 】

1. 도구단추 ▭ Insert rectangle을 선택하고, 도구 단추 Cursor position을 선택한다. 마우스로 드래그 하여 사각형을 만든다. 도구단추 Insert line을 선택하고, 도구단추 Two Points를 선택하여 아래를 그린다. OC를 선택한다.

그림 4-420: Insert rectangle

2. 메뉴에서 Modify ⇨ transform ⇨ Geometry 를 선택한다. 사각형을 선택한다. 도구단추 Four positions를 선택한다. 두 개의 position을 지정하여 중심축을 설정합니다.

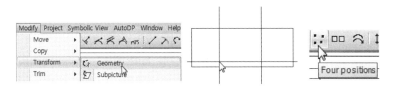

그림 4-421: Four positions

3. 도구단추 node point를 선택한다. 첫 번째 position 점을 지정한다. Midpoint를 선택하고 두 번째 지점의 중심축을 지정한다.

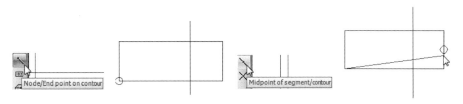

그림 4-422: Four positions

4. 중심축을 기준으로 이동 할 두 개의 새로운 position을 지정한다. 도구단추 Intersection을 선택한다. 교차점을 이동하려는 첫 번째 position을 지정한다.

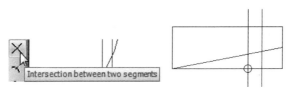

그림 4-423: Four positions

5. 도구단추 node point를 선택한다. 이동하려는 두 번째 position을 지정한다. OC 를 3번 선택한다.

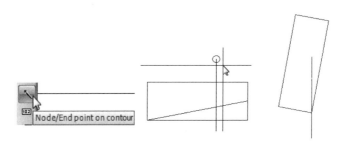

그림 4-424: Four positions

【 예제 7  】

1. 도구단추 Insert spline을 선택한다. spline은 주어진 점들을 통과하는 부드러운 곡선을 그린다. 도구 단추 Cursor position을 선택한다.

그림 4-425: Insert spline

2. Multiple choice에서 Create를 선택한다. Multiple choice에서 None을 선택한다.

그림 4-426: Insert spline

3. 마우스로 임의의 점을 선택한다. OC를 선택한다.

그림 4-427: Insert spline

4. 질문 창에 Yes를 선택한다. Multiple choice에서 Quit를 선택한다.

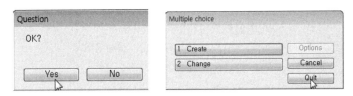

그림 4-428: Insert spline

5. 도구단추 ▭ Insert rectangle을 선택한다. 도구 단추 Cursor position을 선택한다. 마우스로 드래그 하여 사각형을 만들어 아래를 그린다. 사각형이 spline에서 너무 떨어지지 않도록 하여 공차(Tolerance) 범위 안에 있도록 한다. OC를 선택한다.

그림 4-429: Insert rectangle

6. 메뉴에서 Modify ⇨ transform ⇨ Geometry 를 선택한다. 사각형을 선택한다. 도구단추 Along Curve를 선택한다.

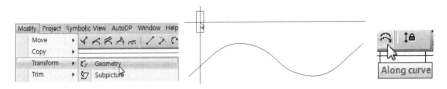

그림 4-430: transform Along Curve

7. curve를 지정합니다. 도구단추 Nearest Point를 선택하여 곡선 위에 사각형이 놓여 질 위치를 지정한다. 곡선을 선택한다.

그림 4-431: transform Along Curve

8. 곡선 위에 접하는 사각형의 부분을 선택한다. 선택한 부분이 곡선에 접하게 된다. 사각형을 선택한다.

그림 4-432: transform Along Curve

9. 도구단추 Midpoint를 선택한다. 사각형의 중간점을 선택하여 곡선에 접할 부분을 선택한다. 사각형의 중간점을 선택한다. 입력 창에 접하는 지정 한 위치에서 떨어진 거리 값을 입력한다. 0을 입력하고 OK를 선택한다. OC를 두 번 선택한다.

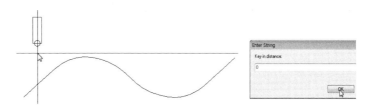

그림 4-433: transform Along Curve

10. 도구단추 Display entire Drawing을 선택한다. Display entire Drawing은 도면을 한 화면에 나타나게 한다.

그림 4-434: Display entire Drawing

【 예제 8  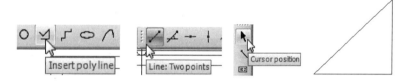 】

1. 도구단추 Insert Polyline를 선택하고, 도구단추 Two Points를 선택한다. 도구단추 Cursor position을 선택한다. 아래를 그린다. OC를 선택한다.

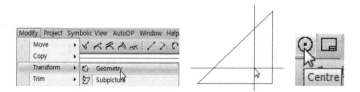

그림 4-435: Insert Polyline

2. 메뉴에서 Modify ⇨ transform ⇨ Geometry 를 선택한다. 도형을 선택한다. 도구단추 Centre를 신댁한다.

그림 4-436: transform Centre

3. 도구단추 node point를 선택한다. 회전의 중심축을 새로운 위치로 변경한다.

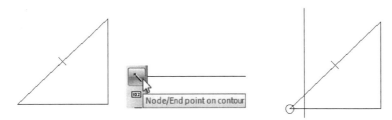

그림 4-437: transform Centre

4. OC를 선택한다. 도구단추 Rotate 45 degrees를 선택한다. 회전의 중심축은 지정한 위치에서 45도 회전한다. 화면이 겹치면 도구단추 Refresh를 선택한다. OC를 선택한다.

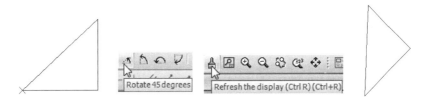

그림 4-438: Rotate 45 degrees

5. 도구단추 Rotate two points를 선택한다. 도구단추 node point를 선택한다. 노드 점을 선택한다.

그림 4-439: Rotate two points

6. 도구단추 midpoint를 선택한다. 중간점을 선택한다. 화면이 겹치면 도구단추 Refresh를 선택한다. OC를 3번 선택한다.

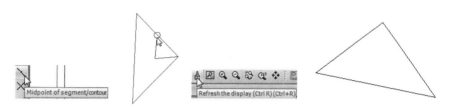

그림 4-440: transform Centre

【 예제 9　⊙ 】

1. 도구단추 Insert Polyline를 선택하고, 도구단추 Two Points를 선택한다. 도구단추 Cursor position을 선택한다. 아래를 그린다. OC를 선택한다.

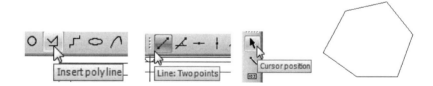

그림 4-441: Insert Polyline

2. 메뉴에서 Modify ⇨ transform ⇨ Geometry ⟲ 를 선택한다. 도형을 선택한다. 도구단추 Centre를 선택한다.

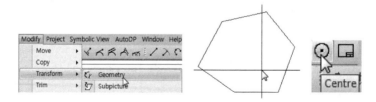

그림 4-442: transform Centre

3. 도구단추 intersection을 선택한다. 회전의 중심축을 새로운 위치로 변경하기 위하여 교차점을 선택한다.

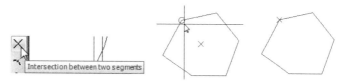

그림 4-443: transform Centre

4. OC를 선택한다. 도구단추 Rotate 45 degrees를 선택한다. 회전의 중심축은 지정한 위치에서 45도 회전한다. 화면이 겹치면 도구단추 Refresh를 선택한다. OC를 두 번 선택한다.

그림 4-444: Rotate 45 degrees

【 예제 10 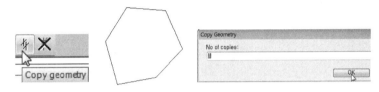】

1. 도구단추 Copy geometry 를 선택한다. 도형을 선택한다. 복사 할 개수 1을 입력하고 OK를 선택한다.

그림 4-445: Copy geometry

2. 도구단추 Move delta를 선택한다. 입력 창에 200 R을 입력한고 OK를 선택한다. 입력 창에 빈 칸으로 OK를 선택한다.

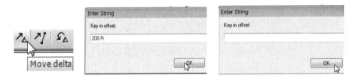

그림 4-446: Move delta

3. 도구단추 Rotate 45 degrees를 선택한다. 도구단추 Centre를 선택한다.

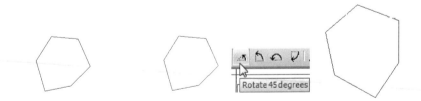

그림 4-447: Rotate 45 degrees

4. 도구단추 Centre를 선택한다. 도구단추 intersection을 선택한다. 회전의 중심축을 새로운 위치로 변경하기 위하여 교차점을 선택한다.

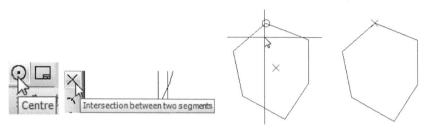

그림 4-448: Centre

7. OC를 선택한다. 도구단추 Rotate 45 degrees를 선택한다. 회전의 중심축은 지정한 위치에서 45도 회전한다. 화면이 겹치면 도구단추 Refresh를 선택한다. OC를 두 번 선택한다.

그림 4-449: Rotate 45 degrees

【 예제 11 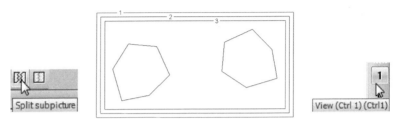 】

1. 도구단추 Split subpicture 선택한다. 작업창을 선택한다. 도구단추 레벨 1을 선택
   한다.

그림 4-450: Split subpicture

2. 메뉴에서 4번인 Polygon(CUT)을 선택한다. 마우스로 자르고자 하는 subpicture
   부분을 드래그 한다. Capture 창에서 Yes를 선택한다.

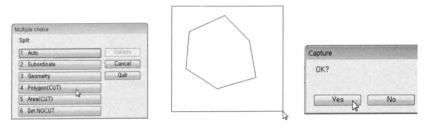

그림 4-451: Polygon(CUT)

3. 질문 창에서 Yes를 선택한다. OC를 선택한다. 도구단추 Transform subpictrue
   를 선택한다. subpicture를 선택한다.

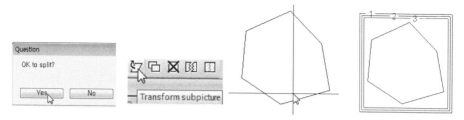

그림 4-451: Transform subpictrue

4. 도구단추 레벨 1을 선택한다. 도구단추 Move delta를 선택한다. 입력 창에 100 L을 입력하고 OK를 선택한다.

그림 4-452: Move delta

5. 입력 창에 빈 칸으로 OK를 선택한다. 화면이 겹치면 도구단추 Refresh를 선택한다. OC를 두 번 선택한다.

그림 4-453: Move delta

【 예제 12 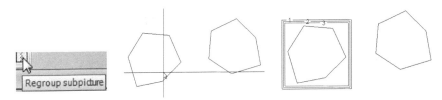 】

1. 도구단추 Regroup subpicture를 선택한다. 작업창을 선택한다.

그림 4-454: Regroup subpicture

2. 도구단추 레벨 1을 선택한다. 메뉴에서 4번인 Polygon(CUT)을 선택한다. 마우스로 자르고자 하는 subpicture 부분을 드래그 한다. 사각형을 드래그 하는 경우 드래그 사각형이 작아서 도형이 Regroup이 안 되는 경우가 있으므로 드래그를 도형보다 크게 한다. Capture 창에서 Yes를 선택한다.

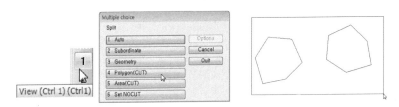

그림 4-455: Polygon(CUT)

3. Capture 창에서 Yes를 선택한다. 질문 창에서 Yes를 선택한다. OC를 선택한다. 메뉴 창에서 Quit을 선택한다.

그림 4-456: Quit

4. 도구단추 Transform subpictrue 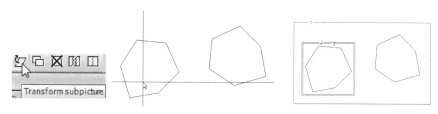를 선택한다. subpicture를 선택한다.

그림 4-457: Transform subpictrue

5. 도구단추 레벨 1을 선택한다. 도구단추 Move delta를 선택한다. 입력 창에 100 D를 입력한고 OK를 선택한다.

그림 4-458: Move delta

6. 입력 창에 빈 칸으로 OK를 선택한다. 화면이 겹치면 도구단추 Refresh를 선택한다. OC를 두 번 선택한다.

그림 4-459: Refresh

7. 도구단추 Transform subpictrue 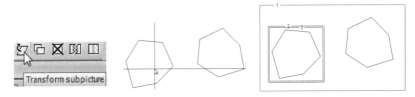를 선택한다. subpicture를 선택한다.

그림 4-460: Transform subpictrue

8. 도구단추 레벨 1을 선택한다. 도구단추 scale을 선택한다. 입력 창에 축척 값 1:2 를 입력하고 OK를 선택한다.

그림 4-461: scale

9. 도구단추 Rotate 90 degrees를 선택한다. 화면이 겹치면 도구단추 Refresh를 선택한다. OC를 두 번 선택한다.

그림 4-462: Rotate 90 degrees

【 예제 13 ▫▫ 🖼】

1. 도구단추 Copy subpicture 🖼를 선택한다. subpicture를 선택한다. 아래 도형이 없으면 예제 2번을 실행한다. subpicture가 아래와 같이 실행되지 않으면 split subpicture를 실행한다.

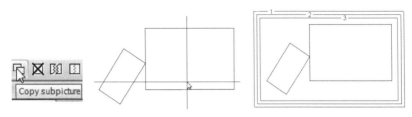

그림 4-463: Copy subpicture

2. 도구단추 레벨 1을 선택한다. 입력 창에 복사 할 개수 1을 입력하고 OK를 선택한다. 도구단추 Move delta를 선택한다.

그림 4-464: Move delta

3. 입력 창에 300 R을 입력하고 OK를 선택한다. 입력 창에 빈 칸으로 OK를 선택한다.

그림 4-465: Move delta

4. 도구단추 Rotate 45 degrees를 선택한다.

그림 4-466: Rotate 45 degrees

5. 도구단추 Scale을 선택한다. 입력 창에 축척 값 1:3을 입력하고 OK를 선택한다. 면이 겹치면 도구단추 Refresh를 선택한다.

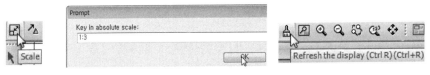

그림 4-467: Scale

6. 도구단추 Same as를 선택한다. same as는 subpicture에서 축적과 이동에 관한 subpicture의 정보를 다른 subpicture에게 동일하게 적용한다. 원래 subpicture를 선택한다. 즉 축척 값 1:3과 회전 값을 적용시킨다. OC를 두 번 선택한다.

그림 4-468: Same as

7. 도구단추 Transform subpictrue 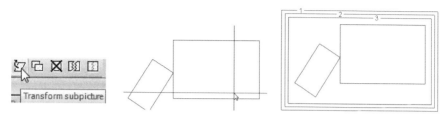를 선택한다. subpicture를 선택한다.

그림 4-469: Transform subpictrue

8. 도구단추 레벨 1을 선택한다. 도구단추 Move delta를 선택한다. 입력 창에 300 R 을 입력하고 OK를 선택한다. 입력 창에 빈 칸으로 OK를 선택한다.

그림 4-470: Move delta

9. 도구단추 Rotate 45 degrees를 선택한다.

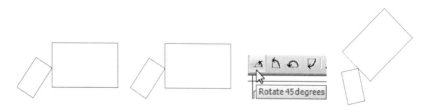

그림 4-471: Rotate 45 degrees

10. 도구단추 Scale을 선택한다. 입력 창에 축척 값 1:3을 입력하고 OK를 선택한다. 면이 겹치면 도구단추 Refresh를 선택한다. OC를 두 번 선택한다.

그림 4-472: Scale

11. 도구단추 Transform subpictrue 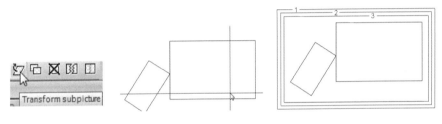를 선택한다. subpicture를 선택한다.

그림 4-473: Transform subpictrue

12. 도구단추 레벨 1을 선택한다. 도구단추 Same as를 선택한다. subpicture를 선택한다.

그림 4-474: Same as

13. OC를 선택한다. 도구단추 Same as를 선택한다. same as는 subpicture에서 축적과 이동에 관한 subpicture의 정보를 다른 subpicture에게 동일하게 적용한다. 원래 subpicture를 선택한다. 즉 축척 값 1:3과 회전 45도 값을 적용시킨다.

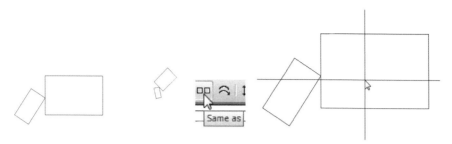

그림 4-475: Same as

14. 도구단추 Transform subpictrue 를 선택한다. subpicture를 선택한다. 도구
    단추 레벨 1을 선택한다.

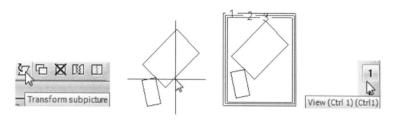

그림 4-476: Transform subpictrue

15. 도구단추 Move delta를 선택한다. 입력 창에 300 L을 입력하고 OK를 선택한
    다. 입력 창에 빈 칸으로 OK를 선택한다. OC를 두 번 선택한다.

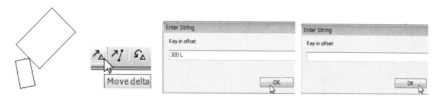

그림 4-477: Move delta

16. OC를 두 번 선택한다.

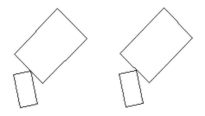

그림 4-478: Move delta

4-2. Virtual Geometry

그림 4-479: Virtual Geometry

 : Virtual geometry

Virtual geometry와 Real geometry 사이를 전환한다.

【 예제 1  】

1. 도구단추 Insert Polyline를 선택하고, 도구단추 Polyline: TwoPoints를 선택한다. 도구 단추 Cursor position을 선택한다.

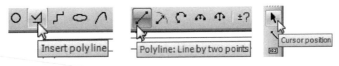

그림 4-480: Insert Polyline

2. 마우스로 임의의 점을 선택한다. Offset Current를 선택한다. 입력 창에 100 R을
입력하고 OK를 선택한다. 입력 창에 빈칸으로 OK를 한 번 더 선택한다.

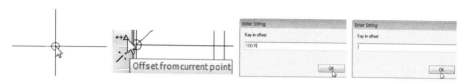

그림 4-481: Offset Current

3. 도구단추 Polyline: Two points and an amplitude를 선택한다. 입력 창에 빈
칸으로 OK를 한 번 더 선택한다. 호의 높이 값인 amplitude의 입력 창에 -50을 입
력한다.

그림 4-482: Two points and an amplitude

4. Offset Current를 선택한다. 입력 창에 300 R을 입력하고 OK를 선택한다. 입력
창에 빈 칸으로 OK를 한 번 더 선택한다.

그림 4-483: Offset Current

5. 도구단추 Polyline: TwoPoints를 선택하고 입력 창에 빈칸으로 OK를 선택한다.

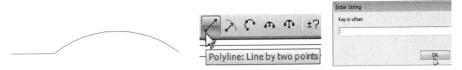

그림 4-484: Polyline: TwoPoints

6. 도구단추 Offset Current를 선택한다. 입력 창에 100 R을 입력하고 OK를 선택한다.

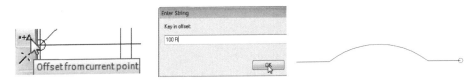

그림 4-485: Offset Current

7. 입력 창에 100 U를 입력하고 OK를 선택한다. 입력 창에 빈칸으로 OK를 선택한다.

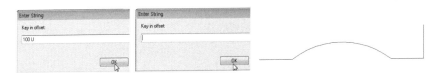

그림 4-486: Offset Current

8. 도구단추 intersection point를 선택한다. 도구단추 Options(F10)를 선택한다. 도구단추 virtual geometric mode를 선택한다.

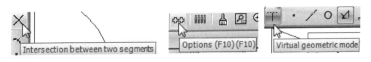

그림 4-487: virtual geometric mode

9. 도구단추 Line: Horizontal을 선택한다. 도구단추 Add Offset를 선택한다. 도구
단추 Node point를 선택한다.

그림 4-488: Line: Horizontal

10. 선의 노드를 선택한다. 입력창에 100 U를 입력한다. 100만큼 위의 가상의 선이
만들어 진다.

그림 4-489: Add Offset

11. 도구단추 virtual geometric mode를 선택한다. 도구단추 Line: point and
angle을 선택한다. 도구단추 Node point를 선택한다.

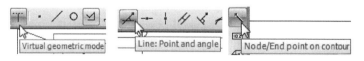

그림 4-490: virtual geometric mode

12. 선의 노드를 선택한다. 각도 입력 창에 -30을 입력한다.

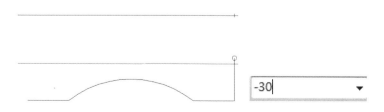

그림 4-491: point and angle

13. OC를 선택한다.

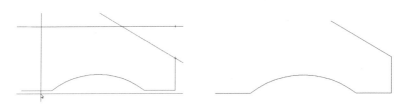

그림 4-492: virtual geometric mode

14. 도구단추 intersection point를 선택한다. 도구단추 Options(F10)를 선택한다.
도구단추 virtual geometric mode를 선택한다.

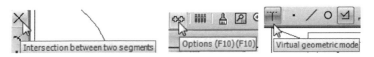

그림 4-493: virtual geometric mode

15. 도구단추 Line: Horizontal을 선택한다. 도구단추 Node point를 선택한다. 선
의 노드를 선택한다.

그림 4-494: Horizontal

16. 도구단추 virtual geometric mode를 선택한다. 도구단추 Line: point and angle을 선택한다. 도구단추 Add Offset를 선택한다. 도구단추 Node point를 선택한다.

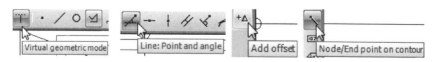

그림 4-495: virtual geometric mode

17. 선의 노드를 선택한다. 입력 창에 100 U를 입력하고 OK를 선택한다.

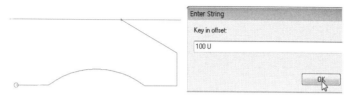

그림 4-496: point and angle

18. 보조 점이 만들어진다. 각도 입력 창에 30을 입력한다.

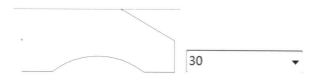

그림 4-497: point and angle

19. OC를 선택한다. 도구단추 Node point를 선택한다. 도구단추 Add Offset를 선택한다. 선의 노드를 선택한다.

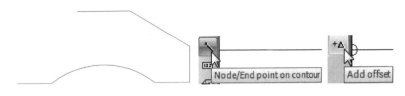

그림 4-498: Add Offset

20. 선의 노드를 선택한다. 입력 창에 100 U를 입력하고 OK를 선택한다.

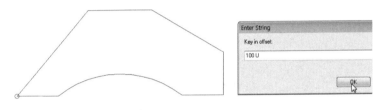

그림 4-499: Add Offset

21. 도구단추 Node point를 선택한다. 선의 노드를 선택한다. OC를 두 번 선택한다.

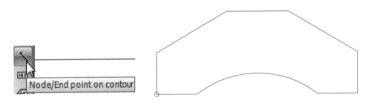

그림 4-500: Add Offset

【 예제 2 】

1. 다음 도면을 virtual geometric mode를 사용하여 Polyline으로 Drawing한다.

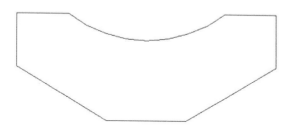

그림 4-501: virtual geometric mode

4-3. Miscellaneous

1) Layer

레이어는 객체가 작업창에 입력될 때 subpicture의 Level이 자동으로 구성되며 미리 정의된 layer에 배열된다. 시스템은 Entity 형태에 따라 layer를 선택하며 시스템에서 주어지는 layer는 음수이고 사용자는 양수의 layer를 입력 할 수 있다.

(1) 사용자 정의 layer

메뉴에서 Format ⇨ Layer를 선택하여 layer를 설정한다.

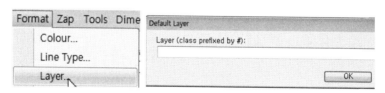

그림 4-502: Layer

(2) Layer 변경

메뉴에서 Modify ⇨ Layer를 사용하여 layer를 변경한다.

그림 4-503: Layer

(3) Layer Hide

Drawing에서 layer를 숨기기 위해서는 메뉴에서 View ⇨ Layer ⇨ Hide mode 를 선택한다.

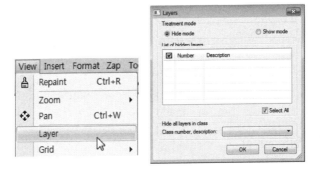

그림 4-504: Hide mode

(3) Layer Show

Drawing에서 layer를 숨기기 위해서는 메뉴에서 View ⇨ Layer ⇨ Show mode
를 선택한다. Show mode를 선택하면 레이어가 나타난다.

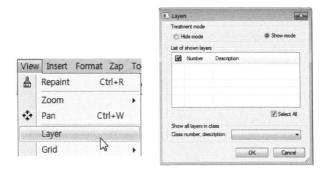

그림 4-505: Show mode

(4) Layer Inquiry

Drawing에서 layer를 물어보기 위하여 메뉴에서 Tools ⇨ Inquiry ⇨ Used
Layers를 선택한다.

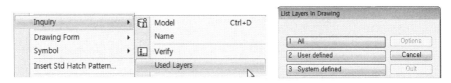

그림 4-506: Layer Inquiry

【 예제 1  View Layer, Format Layer, Inquiry Layer】

1. 메뉴에서 File ⇨ New Drawing을 선택한다. 파일이름을 입력한다. Drawing Type은 General drawing 으로 하고 OK를 선택한다.

그림 4-507: New Drawing

2. 메뉴에서 View ⇨ Layer를 선택한다. Hide mode에 체크되어 있는 라디오 버튼을 Show mode로 체크한다.

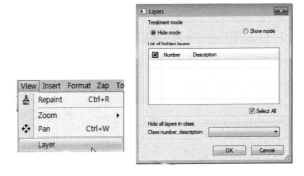

그림 4-508: View Layer

3. Hide mode에 체크되어 있는 라디오 버튼을 Show mode로 체크한다.

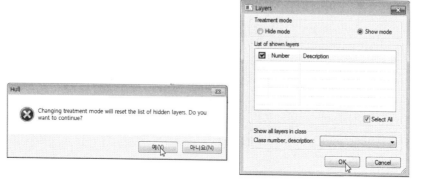

그림 4-509: Show mode

4. 도구단추 Insert rectangle을 선택한다. 도구 단추 Cursor position을 선택한다.
마우스로 드래그 하여 사각형을 만들어 아래를 그린다. OC를 선택한다.

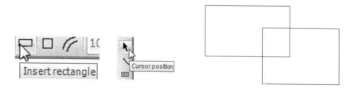

그림 4-510: Insert rectangle

5. 메뉴에서 Format ⇨ Layer를 선택한다. 명령어 창에 user defined layer가 나타
난다. 사용자 정의 layer 100을 입력한다.

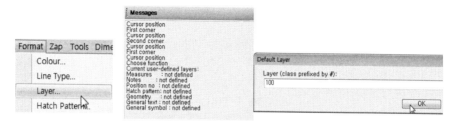

그림 4-511: Format Layer

6. 다시 한 번 메뉴에서 Format ⇨ Layer를 선택한다. 명령어 창에 user defined layer를 확인한다. 입력 창에서 Cancel을 선택한다.

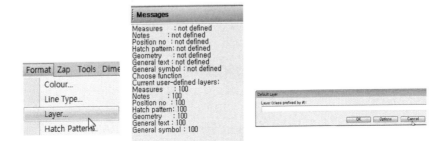

그림 4-512: Format Layer

7. 메뉴에서 View ⇨ Layer를 선택한다. Hide mode에 체크되어 있는 라디오 버튼을 Show mode로 체크한다. Select All을 선택하고 OK를 선택한다.

그림 4-513: View Layer

8. 도구난추 Insert Arc을 선택한다. Arc: Centre and Radius를 선택한다. 입력란에 50을 입력한다. Cursor position을 신택한다.

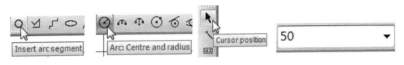

그림 4-514: Insert Arc

9. 아래 그림을 그린다. OC를 선택한다. 메뉴에서 Format ➡ Layer를 선택한다. 명령어 창에 user defined layer가 나타난다. 사용자 정의 layer 150을 입력한다.

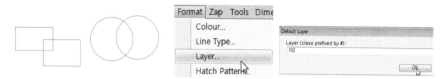

그림 4-515: Format Layer

10. 메뉴에서 View ➡ Layer를 선택한다. 100에 체크를 하고 OK를 선택한다.

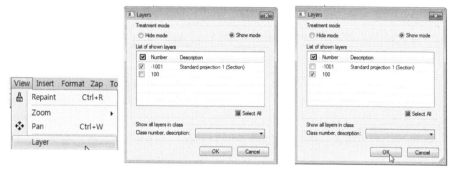

그림 4-516: View Layer

11. 화면에 원만 나온다. 메뉴에서 View ➡ Layer를 선택한다. 모두 체크를 하고 OK를 선택한다.

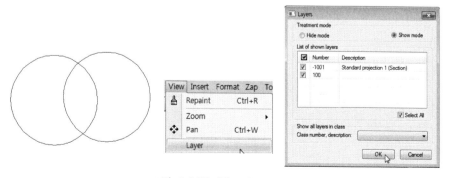

그림 4-517: View Layer

12. 메뉴에서 Tools ⇨ Inquiry ⇨ Used Layers를 선택한다. All을 선택한다.

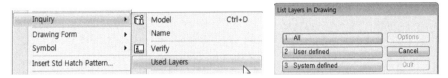

그림 4-518: Used Layers

13. 메뉴에서 Tools ⇨ Inquiry ⇨ Used Layers를 선택한다. User defined를 선택한다.

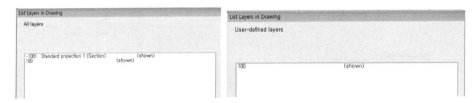

그림 4-519: Used Layers

14. 도구단추 Insert Polyline을 선택하고 Polyline: TwoPoints를 선택한다. Cursor Position을 선택한다. 임의의 점을 선택한다.

그림 4-520: Insert Polyline

15. 아래 그림을 그린다. OC를 선택한다. 메뉴에서 Format ⇨ Layer를 선택한다.
명령어 창에 user defined layer가 나타난다. 사용자 정의 layer 200을 입력한다.

그림 4-521: Format Layer

16. 메뉴에서 View ⇨ Layer를 선택하여 layer를 확인한다. 메뉴에서 Tools ⇨
Inquiry ⇨ Used Layers를 선택한다. User defined를 선택하여 layer를 확인한
다.

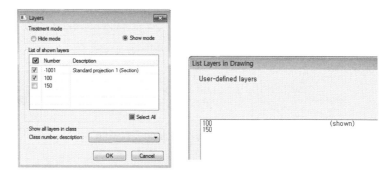

그림 4-522: View Layer

17. 메뉴에서 File ⇨ Save Drawing🖫을 선택한다. 메뉴에서 File ⇨ Open Drawing🖼을 선택한다. Name에 02*를 입력한다. List를 선택한다.

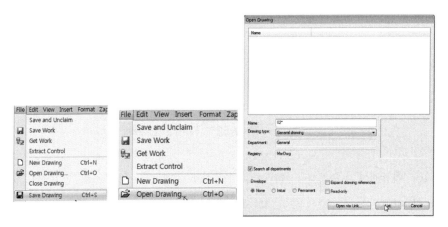

그림 4-523: Save Drawing

18. Name에 028을 선택한다. Open을 선택한다.

그림 4-524: Open Drawing

19. Name에 028을 선택한다. Open을 선택한다. Message 창에 Layer가 나타난다.

그림 4-525: Open Drawing

【 예제 2 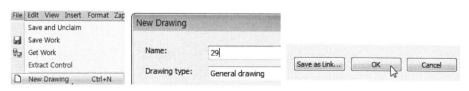 View Layer, Format Layer, Inquiry Layer】

1. 메뉴에서 File ⇨ New Drawing⬜을 선택한다. 파일이름을 입력한다. Drawing Type은 General drawing 으로 하고 OK를 선택한다.

그림 4-526: New Drawing

2. 메뉴에서 Insert ⇨ Model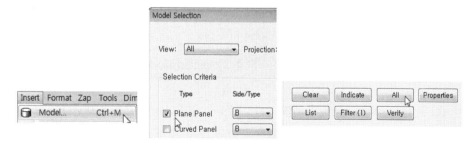을 선택한다. Plane Panel을 선택한다. All을 선택한다.

그림 4-527: Insert Model

3. Collected Models의 숫자를 확인한다. Verify를 선택한다.

그림 4-528: Collected Models

4. Excl. All을 선택한다. ER1-BRD13-1을 체크한다. OK를 선택한다.

그림 4-529: Excl. All

5. Collected Models의 1을 확인한다. OK를 선택한다. 마우스로 선택한다.

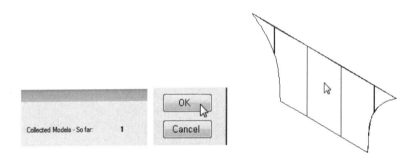

그림 4-530: Collected Models

6. Transform의 Scale을 선택한다. 1:50을 입력한다. OC를 선택한다.

그림 4-531: Scale

7. 메뉴에서 View ⇨ Layer를 선택한다. Hide mode에 체크되어 있는 라디오 버튼을 Show mode로 체크한다. Select All을 선택하고 OK를 선택한다.

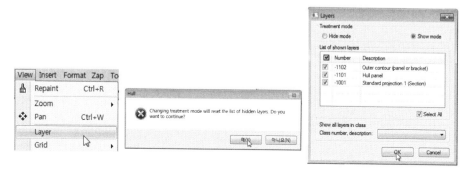

그림 4-532: View Layer

8. 메뉴에서 Tools ⇨ Inquiry ⇨ Used Layers를 선택한다. All을 선택한다.

그림 4-533: Used Layers

2) Construction Lines

Construction Lines(보조선)는 Point의 위치를 지정하여 생성한다.

(1) Construction Lines 생성

메뉴에서 Insert ⇨ Construction Lines를 선택한다.

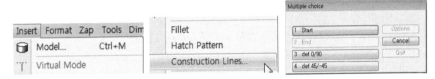

그림 4-534: Construction Lines

(2) Construction Lines 삭제

메뉴에서 Edit ⇨ Delete ⇨ Construction Lines를 선택한다.

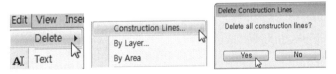

그림 4-535: Delete Construction Lines

【 예제 1 】

1. 메뉴에서 Insert ⇨ Construction Lines를 선택한다. Start를 선택한다.

그림 4-536: **Construction Lines**

2. 메뉴에서 Insert ⇨ Construction Lines를 선택한다. Start를 선택한다. End를 선택할 때 까지 Construction Lines 모드로 된다.

그림 4-537: **Construction Lines**

3. 도구단추 Insert Arc을 선택한다. Arc: Centre and Radius를 선택한다. 입력란에 50을 입력한다. Cursor position을 선택한다.

그림 4-538: Insert Arc

4. 도구단추 Insert rectangle을 선택한다. 도구 단추 Cursor position을 선택한다. 마우스로 드래그 하여 사각형을 그린다. OC를 선택한다.

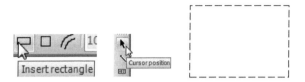

그림 4-539: Insert rectangle

5. 메뉴에서 Insert ⇨ Construction Lines를 선택한다. 메뉴에서 3번 def/90을 선택한다. 도구 단추 Cursor position을 선택한다.

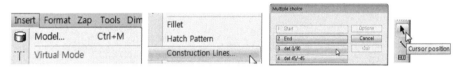

그림 4-540: Construction Lines

6. 전체 화면에 보조선이 그려지므로 point를 선택하기 전에 화면을 확대한다. 임의의 point를 선택한다. OC를 선택한다. 메뉴 창에서 4번 def 45/-45를 선택한다. 도구 단추 Intersection point를 선택한다.

그림 4-541: Construction Lines

7. 교차점을 선택한다. 클릭합니다. OC를 선택한다. 메뉴에서 2번 End를 선택한다.

그림 4-542: Construction Lines

8. 메뉴에서 Edit ⇨ Delete ⇨ Construction Lines를 선택한다. 메시지 창에서 Yes를 선택한다. 도면에 있는 모든 Construction Geometry가 삭제된다.

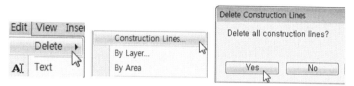

그림 4-543: Delete Construction Lines

3) Local origin

메뉴에서 Format ⇨ Local origin을 선택한다. 절대좌표 값이 0,0인 자리가 화면에 나타난다. 새로운 절대 좌표를 설정하기 위하여 입력 창의 좌표를 입력한다.

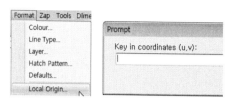

그림 4-544: Local origin

【 예제 1 Local origin  】

1. 메뉴에서 Format ⇨ Local origin을 선택한다. 현재 절대좌표 값과 위치가 나타난
다. 메뉴에서 Cancel을 선택한다.

그림 4-545: Local origin 메뉴 선택

2. 도구단추 Insert Point를 선택한다. 도구단추 Cursor Position을 선택한다. 도구
단추 Key in을 선택한다.

그림 4-546: Insert Point

3. 입력창에 50, 100을 입력하고 OK를 선택한다. 좌표 50, 100에 point가 나타난
다. Prompt 창에 빈칸으로 다시 한 번 OK를 선택한다. OC를 선택한다.

그림 4-547: Local origin

【 예제 2 Local origin  】

1. 메뉴에서 Format ⇨ Local origin을 선택한다. 현재 절대좌표 값이 0,0인 자리가 화면에 나타난다. 새로운 절대 좌표를 설정하기 위하여 입력 창의 좌표를 지운다. 새로운 position을 입력하거나 cursor로 2D point를 지정하기 위하여 공백으로 놓아둔다. OK를 선택한다.

그림 4-548: Local origin

2. 도구단추 Existing point를 선택한다. 새로운 절대 좌표의 point를 선택한다. OC를 선택한다. 메시지 창에 변경된 새로운 절대좌표 값이 나타나며 절대 좌표 값이 변경된다.

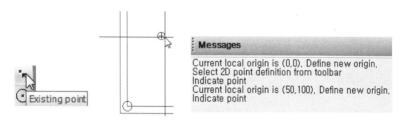

그림 4-549: Local origin

3. 메뉴에서 Format ⇨ Local origin을 선택한다. 현재 절대좌표 값이 변경된 50,100으로 화면에 나타난다. Cancel을 선택한다.

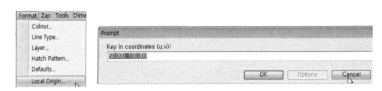

그림 4-550: Local origin

4. 도구단추 Insert line을 선택한다. 도구단추 Line: two points를 선택한다. 도구
단추 key in을 선택한다.

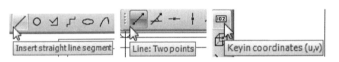

그림 4-551: Insert line

5. 입력 창에 10,10을 입력하고 OK를 선택한다. 40,40을 입력하고 OK를 선택한다.
입력 창에 빈 칸으로 OK를 한 번 더 선택한다. OC를 선택한다.

그림 4-552: Local origin

4) Command Window

Command Window는 명령어 창으로 메뉴에서 View ⇨ Command Window를
선택한다.

그림 4-553: Command Window

5) Message Window

Message Window는 메시지 창으로 메뉴에서 View ⇨ Message Window를 선택
한다.

그림 4-554: Message Window

6) Design Explorer

메뉴에서 View ⇨ Explorers ⇨ Design Explorer를 선택한다.

그림 4-555: Design Explorer

【 예제 1 Design Explorer, ☒ 】

1. 메뉴에서 View ⇨ Explorers ⇨ Design Explorer를 선택한다.

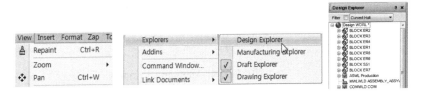

그림 4-556: Design Explorer

2. BLOCK ER2을 선택하고 마우스로 윈도우 창에 드래그 한다. 또는 마우스 오른쪽 을 선택한다. 3D View ⇨ Add를 선택한다.

그림 4-557: 3D View Add

3. New view를 선택한다. X, Y, Z 방향을 선택한다. 마우스를 클릭한다. OC를 선택한다.

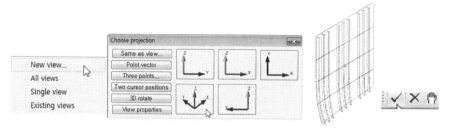

그림 4-558: 3D View Add

4. 메뉴에서 Edit ⇨ Delete ⇨ Subpicture ☒ 를 선택한다. 마우스로 모델을 선택한다.

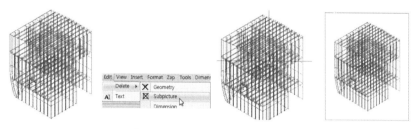

그림 4-559: Delete Subpicture

5. subpicture Level view 1을 선택한다. OC를 선택한다.

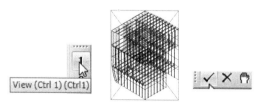

그림 4-560: Level view

7) Manufacturing Explorer

메뉴에서 View ⇨ Explorers ⇨ Manufacturing Explorer를 선택한다.

그림 4-561: Manufacturing Explorer

8) Draft Explorer

메뉴에서 View ⇨ Explorers ⇨ Draft Explorer를 선택한다.

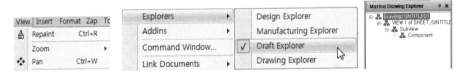

그림 4-562: Draft Explorer

【 예제 1 Draft Explorer 】

1. 메뉴에서 View ⇨ Explorers ⇨ Draft Explorer를 선택한다. DEPT General
   에서 DRWG 028DRWG을 선택하고 마우스 오른쪽을 선택한다. Open sheet를 선
   택한다.

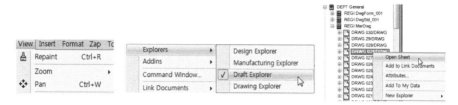

그림 4-563: Draft Explorer

2. 시트가 열린다. 메시지 창에서 모든 layer가 나타난다.

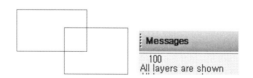

그림 4-564: Draft Explorer

9) Drawing Explorer

메뉴에서 View ⇨ Explorers ⇨ Drawing Explorer를 선택한다.

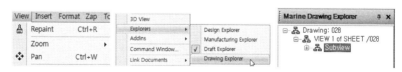

그림 4-565: Drawing Explorer

【 예제 1 Drawing Explorer 】

1. 메뉴에서 View ⇨ Explorers ⇨ Drawing Explorer를 선택한다. 도면에 열린 정보가 나타난다.

그림 4-566: Drawing Explorer

2. Marine Drawing Explorer 창에서 마우스 오른쪽을 선택한다. 메뉴를 선택한다.

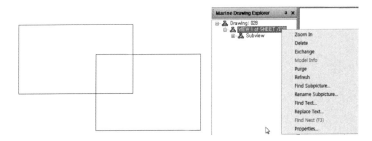

그림 4-567: Drawing Explorer

저자

이창근

□ (現) 거제대학교 조선기술과 교수

E-mail:lckun@koje.ac.kr

AVEVA Marine(12.1.SP3)
Drafting Geometry

ⓒ 이창근, 2016
1판 1쇄 발행 _ 2016년 12월 10일
1판 2쇄 발행 _ 2016년 12월 20일

지은이 _ 이창근
펴낸이 _ 홍정표
펴낸곳 _ 컴원미디어
         등록 _ 제25100-2007-000015호
         이메일 _ edit@gcbook.co.kr

공급처 _ (주)글로벌콘텐츠출판그룹
         대표 _ 홍정표 이사 _ 양정섭 편집디자인 _ 김미미 기획·마케팅 _ 노경민
         주소 _ 서울특별시 강동구 천중로 196 정일빌딩 401호
         전화 _ 02-488-3280 팩스 _ 02-488-3281
         홈페이지 _ www.gcbook.co.kr

값 15,000원
ISBN 978-89-92475-78-5 93530